CB080903

Insustentável Arquitetura

A presente publicação é uma coedição entre a Editora Estação Liberdade e o Institut français por ocasião da X Bienal de Arquitetura de São Paulo

Foi publicada uma edição em francês sob o título de *Insoutenable Architecture : Rencontres France-Amérique Latine*, Institut français/Estação Liberdade, isbn 978-23-5476-115-8

Insustentável Arquitetura

Encontros França-América Latina

INSTITUT FRANÇAIS

Estação Liberdade

Título original: *Insustentável Arquitetura: Encontros França-América Latina*
© Editora Estação Liberdade/Institut français, 2015

Tradução dos textos em espanhol Aluizio Leite
Tradução dos textos em francês Nícia Adan Bonatti
Editor de arte e diagramação Miguel Simon
Assistência editorial Capucine Boutte e Gabriel Joppert
Editor assistente Fábio Fujita
Coordenação editorial Angel Bojadsen

Institut français
Denis Pietton, presidente-executivo
Anne Tallineau, diretora-geral delegada
Sophie Renaud, diretora do Departamento de Intercâmbios e Cooperações Artística
Marie-Cécile Burnichon, diretora-adjunta e assessora para as artes visuais e a arquitetura
Monica Lebrao Sendra, responsável pelo Departamento de Arquitetura, urbanização e Paisagem

Ministério da Cultura e da Communicação da França
Direção-geral dos Patrimônios
Vincent Berjot, diretor-geral
Bruno Favel, chefe do Departamento de Assuntos Europeus e Internacionais
Véronique Dez, responsável pelo Centro de Valorização e Difusão

CIP-BRASIL. CATALOGAÇÃO NA PUBLICAÇÃO
SINDICATO NACIONAL DOS EDITORES DE LIVROS, RJ

I46
Insustentável arquitetura: encontros França-América Latina / organização Angel Bojadsen. - 1. ed. - São Paulo: Estação Liberdade, 2015.
152 p. : il. ; 21 cm.
ISBN 978-85-7448-259-0
1. Espaços públicos - São Paulo (SP) 2. Planejamento urbano - São Paulo (SP) 3. Arquitetura - São Paulo (SP). 4. Urbanismo - São Paulo, Região Metropolitana de (SP). I. Bojadsen, Angel.
15-25995 CDD: 711.40981161
CDU: 711.4(815.6)

28/08/2015 28/08/2015

Todos os direitos reservados à Editora Estação Liberdade. Nenhuma parte da obra pode ser reproduzida, adaptada, multiplicada ou divulgada de nenhuma forma (em particular por meios de reprografia ou processos digitais) sem autorização expressa da editora, e em virtude da legislação em vigor.

Esta publicação segue as normas do Acordo Ortográfico da Língua Portuguesa, Decreto nº 6.583, de 29 de setembro de 2008.

Editora Estação Liberdade Ltda.
Rua Dona Elisa, 116 | 01155-030 | São Paulo-SP
Tel.: (11) 3661 2881 | Fax: (11) 3825 4239
www.estacaoliberdade.com.br

Sumário

Proposta para a edição da 1ª obra *Insustentável Arquitetura* por ocasião da Bienal de Arquitetura de São Paulo

Anne Tallineau*

No quadro da X Bienal de Arquitetura de São Paulo, o Institut français inaugurou um ciclo de cinco encontros intitulado *Insustentável Arquitetura*, que se desenvolverá, ao longo de cinco anos, no Brasil, na Colômbia, na Venezuela, no Haiti e, por fim, no México.

A primeira edição foi organizada de 30 de outubro a 3 de novembro de 2013 em São Paulo, com o apoio da Bienal de Arquitetura, que teve por tema nesse ano "Cidade: Modos de fazer, modos de usar".

Um grupo de peritos e de personalidades da cidade-sede acolheu durante vários dias os profissionais e as personalidades da França e dos outros quatro países, para compartilhar e debater com eles — sob a forma de mesas-redondas, de conferências públicas e de localização dos espaços — a respeito das apostas do desenvolvimento urbano no contexto específico da América Latina. A primeira etapa brasileira constituiu a ocasião de lançar os fundamentos dessa reflexão.

Urbanizada em 80%, a América Latina, esse território imenso e heterogêneo, reúne de fato as situações mais extremas e mais diversas em termos de habitat, ao mesmo tempo que constitui um laboratório para tentar trazer respostas para situações urbanas novas.

Voluntariamente não consensual, a questão colocada pelo título desses encontros, *Insustentável Arquitetura*, indica os dois eixos em torno dos quais desejamos levantar pontos de vista e retornos de experiência nos cinco contextos, que apresentam simultaneamente similaridades

* **Anne Tallineau:** Diretora-geral delegada do Institut français.

e diferenças. O primeiro eixo é a constatação de um desenvolvimento urbano específico nesses cinco países com densidades de população muito importantes, que interrogam radicalmente o lugar do homem e as formas do habitat (grandes conjuntos, informações centralizadas, favelas e centro histórico). O segundo eixo, por sua vez, remete ao anglicismo *sustainable*, que significa durável e durabilidade, ou seja, dois critérios e dois valores que implicam a necessidade de pensar de outra forma, no longo prazo, os modos de fazer e os modos de viver, num diálogo renovado com os habitantes.

Por meio de seus programas *Arquitetura*, o Institut français, que é também o operador do pavilhão francês na Bienal de Arquitetura de Veneza, tem uma exigência: a de não apresentar uma simples vitrine da arquitetura francesa no mundo e de valorizar um saber (ou um saber fazer) francês. Este último não deve ser buscado tanto no lado das normas e dos regulamentos, mas numa perspectiva "humanista", que não apenas favoreça a aproximação das competências e das experiências, mas também promova o debate ampliado entre arquitetos, urbanistas, paisagistas, além de pensadores, cientistas, artistas, políticos e cidadãos, nos mais diferentes territórios.

Por este ambicioso projeto *Insustentável Arquitetura*, que pretende criar as condições de uma troca de experiências contínua e renovada sobre as novas realidades do desenvolvimento urbano, agradeço à direção geral dos Patrimônios do Ministério Francês da Cultura e da Comunicação, com quem esse programa é desenvolvido. Também agradeço o apoio precioso das embaixadas da França no Brasil, na Colômbia, na Venezuela, no Haiti e no México.

Quanto à primeira edição desses encontros em São Paulo, testemunhamos nosso reconhecimento à prefeitura, à Universidade de São Paulo e à Escola da Cidade, que se engajaram inteiramente na realização dessa manifestação. É óbvio que tal programa não pode ocorrer e se perpetuar sem uma mobilização importante de atores públicos e privados que, assim, reconhecem seu papel, a fim de favorecer essa tomada de consciência coletiva e cidadã.

Com o conjunto desses parceiros e todos os outros a vir, formulo os votos de que o diálogo estabelecido em São Paulo possa se enriquecer e se alimentar durante os cinco anos do ciclo *Insustentável Arquitetura*.

Desejo um grande futuro a esses encontros e às respostas concretas que eles permitirão formular para as cidades do século XXI, em particular para aquelas que serão as próximas anfitriãs dessa reflexão em atos, inscrita ao mesmo tempo na duração e no seio do espaço comum.

Insustentável Arquitetura
Encontros França-América Latina

Monica Lebrao Sendra*

É a partir da X Bienal de Arquitetura de São Paulo, em novembro de 2013, que se inicia esse encontro França-América Latina. O tema desta Bienal, "Cidade: Modos de fazer, modos de usar", carrega as seguintes questões: O que é viver na cidade? Como? Em que níveis? A quem colocar os problemas da concepção e da produção urbana e arquitetônica? E é no quadro da *Insustentável Arquitetura* que encontros anuais na Colômbia, na Venezuela, no Haiti e no México manterão esse debate. Esses encontros não se desejam acontecimentos sucessivos singulares, mas tempos plenos de reflexões em comum, em busca de uma *sustentável arquitetura*!

Esse procedimento busca permitir a confrontação crítica de atores interessados e implicados na produção urbana e arquitetônica (arquitetos, urbanistas, paisagistas, filósofos, geógrafos, antropólogos, responsáveis políticos e representantes dos habitantes, artistas, etc.). Os mesmos atores estarão presentes nos cinco anos e o desenvolvimento desses encontros será estruturado da mesma maneira. A cada ano, esses trabalhos serão abordados sob o ângulo de uma questão urbana e social específica, definida com o país de acolhimento. Visitas e oficinas permitirão abordar, analisar e interrogar publicamente as estratégias urbanas previamente apresentadas pelos responsáveis políticos ou representantes da coletividade.

Esse programa inscreve-se também no debate mundial atual, animado pela ambição coletiva de contribuir para suscitar trocas engajadas sobre o desenvolvimento contemporâneo da arquitetura urbana. Com

* **Monica Lebrao Sendra:** Arquiteta, responsável pelo Departamento de Arquitetura e Paisagem do Institut français.

isso, impõe-se a necessidade de pesquisar e experimentar novos desejos de implementação. Quais formas de participação efetiva? Com quais atores? Quais as consequências para cada um (arquitetos, urbanistas, representantes eleitos, habitantes, etc.)? Como construir um "saber do habitar"? Essas questões devem ser colocadas nas etapas vindouras.

Se por um lado estamos de acordo sobre o fato de que os povos do continente latino-americano tentam construir essa cidade emancipadora do século XXI, por outro é importante que todos se perguntem sobre suas maneiras de inventar esse "lugar" para uma sociedade em devir.

O Institut français e o Ministério da Cultura e da Comunicação — Direção Geral dos Patrimônios decidiram participar dessa reflexão e acompanhá-la no tempo, durante cinco anos.

Constatação de um fenômeno inédito

O problema colocado pelo desenvolvimento desenfreado das cidades é o principal enfrentado por nossas sociedades contemporâneas. Na África, na Ásia, na Índia, na América Latina, em todos os cantos aparecem esses aglomerados de 20 ou 25 milhões de habitantes. Os movimentos de população decorrentes da imigração, a cada dia mais importantes e também na direção da Europa, vêm nos interrogar sobre situações urbanas inéditas em nossas periferias. Roma, terra de acolhimento dos migrantes vindos da África do Norte e do Oriente próximo, Moscou, daqueles das ex-repúblicas soviéticas, já são os primeiros lugares desse apuro urbano próximo, muito próximo, a nós, na França. Um conceito da cidade contemporânea emana de todas essas experiências, dessas trocas e desses encontros em que se pode observar uma inversão se criar. A cidade contemporânea é a periferia desta cidade, e não seu centro.

A visão sobre a cidade se inverte

Para dominar isso, devemos apreender uma inversão também do olhar em três níveis de escala diferentes:

- A visão se inverte, num primeiro tempo, pois o olhar que se dá às "construções informais" não é dirigido a um território em algum lugar isolado ou isolável, mas sim sobre uma *extensão urbana*. Uma extensão informal como um prolongamento de algo existente que é então percebido como um "centro formal", uma particularidade quase negligenciável no conjunto, exótica, e por vezes patrimônio a ser preservado, no melhor dos casos.

- A visão se inverte, mais uma vez, desafiando os poderes públicos — e outros atores — a dominarem essa aposta fora de escala da gestão do espaço urbano, em períodos longos que ultrapassam os prazos eleitorais, assim reconhecendo e legitimando uma "*participação cidadã*" do habitante na elaboração da cidade.

- A visão se inverte, por fim, pela percepção de uma escala de intervenção completamente diferente (exemplo: área abandonada de milhões de metros quadrados, ocupada por milhares de famílias, das quais grande parte deverá ser realojada em caráter de urgência [zonas de risco]) e, portanto, pelo aparecimento de um novo cliente, um *cliente plural*, uma comunidade efetiva. Não se trata de construir uma cidade e levar para lá os habitantes: os habitantes já estão aí e foram eles que ergueram (autoconstrução) em parte esta cidade.

Reconhecimento do local

Caminhar para essa "arquitetura urbana", na qual vem o orgulho de habitar, de se apropriar e de compartilhar, que não seja apenas um simples abrigo sobre a terra, mas uma *residência na cidade* que se inscreve no tempo. Eleger residência para encontrar dignidade.

Uma "arquitetura durável" passará por esse ponto! Por esse "horizonte de compartilhamento", considerando a cidade como entorno natural para cada um, em sua porta. Sua própria natureza no primeiro sentido do termo.

Aqui é nosso campo de aventura... seria essa arquitetura (in)sustentável?

"Mesmo em Raíssa, cidade triste, corre um fio invisível que, por instantes, reúne um ser vivo a um outro, se desfaz, depois torna a se estender

(...) tanto, que a cada segundo a cidade infeliz contém uma cidade alegre, sem que ela mesma saiba existir.”

Italo Calvino, *As cidades invisíveis*

A reflexão está aberta para os quatro anos vindouros. A começar por Cali, Colômbia, em 2004.

Prefácio

A Insustentável Arquitetura e a X Bienal de Arquitetura de São Paulo

Guilherme Wisnik*

A sustentabilidade é o tema da vez na arquitetura contemporânea. O conceito é um guarda-chuva embaixo do qual cabe muita coisa: casinhas de madeira na Áustria, novos museus com coberturas de grama espalhados pelo mundo todo, ou arranha-céus de Manhattan e Xangai, feitos com duplas "peles de vidro", mecanismos de troca de calor com o terreno, reutilização de água de chuva, sistemas de circulação de ar por diferença de pressão, etc.

Não há dúvida de que se trata de um problema urgente, no contexto da preocupação crescente com o consumo de energia, emissão de poluentes na atmosfera e aquecimento global. No entanto, apesar de revestir-se de boas intenções, envoltas em uma aura de compromisso ético que havia tempos estava distante da agenda arquitetônica, a *green architecture* é uma indústria que responde a uma conjuntura precisa: a alta no preço do petróleo e a enorme demanda de combustível fóssil pela acelerada urbanização da Ásia, em um contexto geral de prosperidade econômica (até a crise financeira de 2008) e boom imobiliário.

Impulsionada pela oscilação econômica, a arquitetura sustentável é, em grande medida, um álibi politicamente correto para uma era de vazio ideológico, de ausência de qualquer compromisso social coletivo. Construindo edifícios autenticados pelo selo moral de "ecologicamente responsável" e obtendo subvenções econômicas por isso, as grandes em-

---

* **Guilherme Wisnik:** Arquiteto e crítico. Curador da X edição da Bienal Internacional de Arquitetura de São Paulo (2013).

presas multinacionais se eximem de discutir a fundo o funcionamento das cidades: a organização fundiária, o transporte individual motorizado, a poluição dos rios e o espalhamento da mancha urbana estimulado pela especulação imobiliária.

Toda essa ambiguidade que envolve hoje o conceito *mainstream* de sustentabilidade foi intensamente discutida em seminários e workshops do evento *Insustentável Arquitetura*, organizado pelo Institut français, pelo Ministério da Cultura e da Comunicação da França, e pela X Bienal de Arquitetura de São Paulo ("Cidade: Modos de fazer, modos de usar"), entre outubro e novembro de 2013, do qual eu fui o curador geral. Reunindo arquitetos, urbanistas, filósofos e pensadores das ciências sociais da França, do Brasil e de diversos países da América Latina, como Haiti, Colômbia e México, o evento colocou em pauta o cruzamento das experiências recentes nesses vários contextos, deslocando a ênfase high-tech da chamada *green architecture* para as soluções — mais socialmente responsáveis — baseadas na noção de reaproveitamento. Um exemplo muito claro e interessante dessa atitude está presente no projeto de metamorfose da Torre Bois-le-Prêtre (ilustr. 53-54), situada na periferia de Paris, objeto da conferência do arquiteto Frédéric Druot, no encerramento do evento.

A torre foi originalmente construída no final dos anos 1950 em torno do anel periférico da cidade, como parte das ações estatais do pós-guerra que visavam prover a região de habitações de interesse social. Como sabemos, esses grandes conjuntos modernos de periferia se tornaram, com o tempo, não apenas guetos de marginalidade e segregação, como também focos das grandes agitações sociais que balançaram a cidade nos anos 2000. Como resposta a essa situação explosiva, o governo francês pôs em marcha uma política de demolição em massa de grande parte desses conjuntos. O Bois-le-Prêtre, no entanto, foi salvo da demolição pela interessante proposta de transformação feita por Druot em parceria com o escritório Lacaton & Vassal. Basicamente, os arquitetos conservaram a ossatura do edifício — com uma estrutura em bom estado, os elevadores funcionando a contento —, e agregaram à sua pesada estrutura de concreto pré-fabricado uma nova pele muito leve, feita de balcões e jardins de inverno de metal e vidro. Pele que não apenas mudou a "cara" do edifício, dando-lhe um aspecto contemporâneo, como também ampliou a área útil dos apartamentos, e reduziu o consumo de energia dos mesmos, criando uma barreira para a irradiação solar.

Inaugurada em 2011, a obra ganhou grande visibilidade nacional e internacional, foi laureada com uma série de prêmios, e se tornou a bandeira da atitude crítica de Druot, Lacaton e Vassal contra o apagamento do patrimônio arquitetônico recente, e contra a política de obsolescência do mercado imobiliário. "Demolir jamais, substituir sempre. Transformar, adicionar, reutilizar", são os seus lemas, reunidos no livro *Plus: Large scale housing development. An excepcional case* [Gustavo Gili, 2007]. Lemas muito lúcidos, no momento em que a economia do mundo parece cada vez mais guiada pelo impulso suicida de demolições e construções frenéticas, na associação patológica entre a irrealidade do capital financeiro especulativo e as bolhas imobiliárias. A construção civil não pode estar sujeita ao mesmo padrão de obsolescência, cada vez mais acelerada, própria aos gadgets de consumo. Por isso, a Torre Bois-le-Prêtre escancara a insustentabilidade da economia contemporânea, espelhada em sua arquitetura farsesca (ilustr. 53-54). Aliança que comanda a vertiginosa construção do mundo hoje, produzindo suas bolhas letais.

Arquitetura Insustentável

José Armênio de Brito Cruz*

A décima edição da Bienal de Arquitetura de São Paulo organizada pelo Instituto de Arquitetos do Brasil (IABsp) em seu departamento estadual de São Paulo teve como título "Cidade: Modos de fazer, modos de usar". Dentre muitas parcerias, nacionais e internacionais, a Bienal recebeu com muito entusiasmo uma delegação francesa que organizou o seminário e demais atividades correlatas sob o título *Insustentável Arquitetura*. Tive a oportunidade de participar do seminário de abertura na Faculdade de Arquitetura e Urbanismo da Universidade de São Paulo (FAU-USP). A confluência de abordagens — de um lado a Bienal e, de outro, a atividade proposta pela delegação francesa — foi mais do que oportuna.

A Bienal trouxe à tona a necessidade de uma nova abordagem na arquitetura, nacional e internacionalmente. Essa edição da Bienal nasceu a partir da compreensão da nova gestão do IABsp (responsável pela mostra) de que precisávamos desenhar uma nova "face pública" para a arquitetura brasileira e sua inserção na realidade do país. Precisávamos — e ainda precisamos — reinserir a arquitetura como forma de conhecimento na construção do território brasileiro. A forma como vinha sendo entendida e propagada é insustentável. Insustentável para o desenvolvimento do país, bem como insustentável do ponto de vista ambiental, social e intelectual. Por isso, a partir da primeira aproximação com os colegas franceses propondo o seminário e demais atividades sob o tema *Insustentável Arquitetura*, abraçamos a iniciativa

* **José Armênio de Brito Cruz:** Arquiteto, presidente do Instituto de Arquitetos do Brasil, São Paulo, e professor na Escola da Cidade de São Paulo. Sócio-fundador do escritório Piratininga Arquitetos Associados (PAA).

entendendo-a como mais do que oportuna para o que almejávamos com a exposição.

Com estes objetivos, o IABsp convidou para curador o arquiteto Guilherme Wisnik, hoje professor da FAU-USP. A parceria entre curadoria e objetivos do IABsp foi extremamente positiva no sentido do cumprimento dos objetivos que o instituto obteve com a mostra.

Modos de fazer e modos de usar a cidade. Arquitetura sustentável

A definição deste título para a X edição da Bienal busca um caminho sustentável para a arquitetura. A arquitetura no Brasil, tanto no que diz respeito à critica como também em sua afirmação produtiva, enveredou nas últimas décadas por um discurso autorreferente — salvo raríssimas exceções — que não conseguia reverter conceitual e socialmente o enquadramento egoico no qual a arquitetura fica encurralada. A distância entre esse enquadramento e as reais demandas do país gera o que poderíamos chamar de insustentabilidade. A busca da sustentabilidade da arquitetura é por uma nova maneira de construir o território e de agir sobre este. O que vinha (e talvez ainda venha) gerando o alto nível de insustentabilidade da arquitetura no país é justamente a reprodução acrítica, às vezes por parte dos próprios arquitetos. Deste conceito insustentável de que a arquitetura é um instrumento de afirmação de egos ou de interesses restritos e imediatos, o que se opõe é uma visão, esta sim sustentável, da arquitetura como instrumento da sociedade no aprimoramento de sua qualidade de vida. Essa mudança conceitual é social e demanda tempo de sedimentação e alteração de paradigmas. A arquitetura isolada das demandas da sociedade e ocupada única e exclusivamente com suas próprias questões é insustentável.

Arquitetura, arte e história e sustentabilidade

As armadilhas

A arquitetura insustentável tece teias que aprisionam a criação. Uma delas é a da arquitetura que é fruto único e exclusivo do talento individual. O talento individual existe e a arquitetura como cultura e arte apoia-se nele. Mas não exclusivamente. A arquitetura é uma produção social. Ela pensa, propõe e interage com a sociedade, e nessa relação se define sustentável ou não. Como arte, estrutura um discurso — sustentável ou não. Esse discurso, ainda que sustentável, pode ter mais ou menos espaço na sociedade. Terá tão mais espaço quanto mais espaço a sociedade ocupar pensando e aprimorando-se a si mesma, social, econômica, cultural ou ambientalmente. Um artista fala do ser humano, ainda que em um autorretrato. Essa dimensão universal é que nos atrai à arte. A arquitetura fala da vida das pessoas. Seu léxico é a construção, o material, a geometria, a física, a força da gravidade, o enfrentamento da natureza. A arquitetura sustentável participa da história e constrói o futuro. A arquitetura insustentável fala de si mesma.

A afirmação de uma arquitetura sustentável passa pela compreensão da arquitetura como arte, ainda que também técnica e, portanto, com maior responsabilidade. O país vem tratando a construção do território em um enfoque distante da arquitetura. Gera o que poderíamos neste momento chamar de arquitetura insustentável. Seria mesmo arquitetura? Se a construção é usada muitas vezes como instrumento de marketing (corporativo-empresarial ou político-partidário), cabe à arquitetura identificar a dimensão civilizatória de cada oportunidade. Cabe à arquitetura transcender a dimensão do "evento" momentâneo. Cada "evento" arquitetônico tem uma sobrevida de trinta, cinquenta anos, pelo menos.

A estruturação da insustentabilidade passa por uma construção cultural que engloba também a crítica. Diante de uma realidade que busca soluções para problemas presentes no nosso dia a dia urbano, a procura ainda é por um "salvador". Sabemos que o Brasil é um país urbano. Não será *um gênio* criador que resolverá a situação. Somos cem mil arquitetos no país hoje. Não será *um* arquiteto que resolverá o problema das nossas cidades. Contraditoriamente, procura-se uma solução sem se perguntar qual é a questão. A cada dia aparece um gênio aqui ou acolá pronto para resolver todas as questões do mundo urbano. Essa é a armadilha. A viabilização de uma arquitetura sustentável passa por uma estruturação social do pensamento, longe de armadilhas corporativas, sejam elas empresariais ou sindicais. No caso do Brasil, a superação de um estigma colonial é o esforço que constrói um pensamento sustentável. A reprodução do espírito colonizador pelo colonizado inviabiliza a sustentabilidade de qualquer ação. Sustentabilidade esta que, sabemos, é global e não apenas nacional. Com essa visão, a necessária qualificação dos arquitetos já formados, assim como o aprimoramento dos cursos que a cada ano formam aproximadamente doze mil arquitetos (segundo dados da Associação Brasileira de Ensino de Arquitetura), são os caminhos para a arquitetura sustentável.

A história recente da arquitetura brasileira mostra que ainda não conseguimos estabelecer um lugar para esta peculiar forma de conhecimento que é a *arquitetura*. Seja na academia, na sociedade através da mídia e, principalmente, no fazer arquitetônico que se dá a construção do território. De novo, a armadilha da busca da genialidade, e a negação da sedimentação do pensamento em um processo histórico. A arquitetura será tão mais sustentável quanto menos for obra de exceção. A estratégia cruel de encurralar a arquitetura no enquadramento da obra de exceção é outra das armadilhas da arquitetura insustentável. A qualidade anônima, menos que uma falta de reconhecimento, é hoje o principal meio de identificação de processos saudáveis na produção do espaço. Em uma cidade aprazível ou em um edifício agradável, o menos importante é o arquiteto-autor. Este passa despercebido, pois a qualidade da arquitetura é notada, fruída. E, paradoxalmente, o autor se afirma silencioso e presente em sua contribuição a todos os que participam da obra, e estes configuram a obra em sua razão original: abrigar a vida humana. A estratégia cruel de excepcionalizar a qualidade banaliza o desumano: cria a insustentabilidade, não só da arquitetura, mas das relações econômicas, sociais e culturais.

Portanto, a arquitetura, quando insustentável, não o é de forma isolada. A arquitetura pode ser um instrumento da insustentabilidade da sociedade ou pode ser simplesmente arquitetura — sem adjetivos — no sentido de arte/técnica humanista que contribui para a construção da civilização de maneira própria e peculiar.

Persistir nos pensamentos e nas práticas pela urbanidade na metrópole contemporânea: entre o colapso e a continuidade

Kazuo Nakano e Ligia Nobre*

1 — Preâmbulo

O título adotado na abertura deste texto coloca a necessidade de um preâmbulo sobre a afirmação em prol de uma perseverança na urbanidade metropolitana. A vida cotidiana na metrópole de São Paulo parece transcorrer num fio suspenso entre o colapso e a continuidade. Talvez, essa impressão seja originária das condições oscilantes da vida metropolitana que muitas vezes seguem entre a vulnerabilidade e a proteção, entre a certeza e a hesitação, entre a assertividade e a dúvida, entre a calmaria e a explosão social.

As oscilações da vida metropolitana aparecem de diversas maneiras no dia a dia. Ficam claras nas relações de amor e ódio que os moradores estabelecem com a metrópole paulistana. Muitas pessoas gostariam de fugir da metrópole, mas, ao mesmo tempo, se sentem atadas a ela pelos vínculos sociais, pelas estratégias de sobrevivência, pelas diversas oportunidades existentes que, reconhecem, dificilmente seriam encontradas em outros locais do país.

---

* **Kazuo Nakano:** Arquiteto e urbanista, ex-diretor do Departamento de Urbanismo da Secretaria de Desenvolvimento Urbano da Prefeitura Municipal de São Paulo.

Ligia Nobre: Arquiteta, foi curadora adjunta da X edição da Bienal Internacional de Arquitetura de São Paulo.

As chamadas dificuldades do dia a dia na metrópole paulistana podem ser consideradas como um dos geradores daquela instabilidade entre o colapso e a continuidade. Quando se entra em uma estação subterrânea de metrô no horário de pico durante o final da tarde, onde as plataformas se encontram completamente tomadas por multidões de pessoas esgotadas depois de um dia estafante, sente-se a pressão do ar comprimido entre as paredes de concreto aparente.

Quando os trens do metrô param diante dessas plataformas lotadas e as pessoas se apertam umas contra as outras para entrar em vagões já completamente tomados por passageiros exaustos, parece que o ar se comprime também dentro do pulmão das pessoas. Nesse momento surge a imagem de um barril de pólvora cujo pavio curto aguarda somente uma pequena faísca para entrar em ignição.

Em alguns lugares, esse barril explode nos números de roubos, furtos, homicídios, latrocínios, estupros, violência doméstica, consumo de drogas, casos de dengue, mortes provocadas pela poluição do ar, acidentes no trânsito com vítimas fatais, entre outros dados desastrosos que sinalizam para a ocorrência de patologias de diversas ordens.

Os congestionamentos causados pelo acúmulo de automóveis individuais nas vias da cidade travam os deslocamentos diários, deterioram os espaços públicos, desgastam a qualidade de vida e contaminam os pulmões humanos e da metrópole com insuficientes e mal-estruturados parques, praças e arborizações urbanas.

As toneladas de resíduos sólidos orgânicos e inorgânicos estão em estado crítico. Com insuficientes coleta seletiva, reciclagem e disposição final adequada, esses resíduos são resultados de modos absurdos de produção de mercadorias, baseados nas "estratégias do desperdício" e na "obsolescência programada". Resultam de consumismos vorazes e exacerbados que impregnam os modos de vida urbanos com ilusões e individualismos que redundam na "solidão das multidões".

Durante os verões, nas estações das chuvas intensas, os ciclos hidrológicos entram em guerra com as ocupações urbanas desordenadas e malfeitas nas planícies fluviais agredidas por drenagem e aterros executados com total desconsideração em relação aos regimes naturais dos cursos de água.

Paira no ar a iminência de uma cadeia de acontecimentos dramáticos caso haja um grande desabastecimento de água na metrópole.

Pressente-se que essa cadeia de acontecimentos pode levar a um verdadeiro colapso da metrópole paulistana e de outras cidades da região, comprometendo a continuidade da vida urbana de grandes contingentes populacionais.

É sobre esse fio que oscila entre o colapso e a continuidade da vida urbana, estendido no meio de situações concretas vividas cotidianamente na metrópole paulistana, que se deve afirmar a persistência e a perseverança na busca por novas urbanidades metropolitanas que não sejam destruidoras de relações e saúdes humanas, de vínculos sociais, de biodiversidades, de ecossistemas naturais e de vários outros elementos visíveis e invisíveis que sustentam a vida coletiva.

2 — A persistência no urbanismo e no planejamento urbano

Diante da magnitude, da complexidade e da aparente impossibilidade de resolução dos conhecidos problemas urbanos, especialmente aqueles existentes nas grandes cidades metropolitanas, surgem ceticismos em relação ao urbanismo e ao planejamento urbano que, desse modo, caem em descrédito. Isso é reforçado pelas limitações, descompromissos e atuações distorcidas e equivocadas do poder público na realização de investimentos e intervenções nos espaços urbanos.

São notórias as fragilidades da regulação pública, estatal e não estatal, que deveriam incidir nos processos de produção desses espaços urbanos a fim de gerar maior equilíbrio no ambiente construído e mais justiça social. A marca patrimonialista em diversas esferas das relações entre o Estado e a sociedade no Brasil faz com que haja a prevalência de interesses privados de alguns grupos privilegiados em detrimento dos interesses públicos e sociais concernentes à maioria da população brasileira.

Essa marca patrimonialista influencia fortemente a formulação e a implementação de políticas, planos, programas, projetos e instrumentos direcionados ao ordenamento e à regulação dos espaços urbanos. Disso resultam cidades social e territorialmente mais desiguais e excludentes, nas quais as qualidades positivas existentes representam privilégios para alguns grupos, geralmente a minoria composta pelos mais endinheirados.

A corriqueira afirmação de que o Brasil é um país onde existem “leis que pegam e leis que não pegam” faz com que os planos diretores, normalmente instituídos por meio de leis municipais, bem como as demais legislações que dispõem sobre assuntos relacionados à regulação urbana, sejam vistos como algo com pouca ou nenhuma efetividade. Esse tipo de afirmação precisa ser discutido com cuidado, pois os argumentos podem derivar para uma postura em favor da liberação e desregulação geral dos processos de produção dos espaços urbanos e do mercado imobiliário. Historicamente, esse tipo de desregulação tem sido desastroso e tem agravado ainda mais os problemas urbanos.

Em muitos municípios brasileiros, os planos diretores e as legislações urbanísticas são elaborados e instituídos deliberadamente para “não pegar”, para não ter nenhuma efetividade no planejamento, na gestão e na regulação dos processos de urbanização. Quando são feitos “para pegar”, esses planos diretores e legislações urbanísticas estabelecem normas e parâmetros que favorecem abertamente os interesses econômicos de investidores privados e de proprietários de imóveis.

Em geral, os planos diretores e legislações urbanísticas instituídos nos municípios brasileiros são peças genéricas ou confusas que acabam sendo solenemente ignoradas pelos governantes, pelos gestores públicos e pela sociedade em geral. Essa situação de “vácuo normativo” também favorece os interesses privados minoritários, em especial daqueles que buscam a extração de lucros financeiros a partir da renda fundiária urbana.

Perante esse estado de coisas, é fácil desistir do urbanismo e do planejamento urbano na busca por processos sociais e espaços urbanos que propiciem a invenção de novas urbanidades, em especial nos contextos das grandes cidades metropolitanas. Entretanto, essa desistência seria um erro e não se constituiria em soluções para os problemas que desestabilizam a vida urbana. Pelo contrário, o não urbanismo e o não planejamento urbano poderiam gerar ou acelerar entropias capazes de aprofundar a deterioração dos espaços e das condições de vida urbana até atingirem o ponto de colapso.

Assim, é importante persistir nos esforços coletivos para tornar o urbanismo e o planejamento urbano caminhos viáveis em direção à resolução dos graves problemas urbanos e reverter processos iminentes de entropias que deterioram ou interditam urbanidades favoráveis a modos de vida mais equilibrados e baseados em relações sociais e humanas mais criativas e menos esgarçadas.

A recente revisão do Plano Diretor Estratégico do Município de São Paulo (PDE-MSP), ocorrida em 2013 e em parte de 2014, congregou esforços de milhares de pessoas que, a despeito de ceticismos e descréditos, apostaram mais uma vez na construção de um instrumento para o planejamento da cidade de São Paulo. Durante a realização desses esforços, surgiram conflitos entre interesses públicos e privados, ingerências políticas, descrenças em relação à implementação das propostas, fragilidades nas estruturas institucionais e em equipes técnicas do poder público, entre várias outras dificuldades.

Ao fim e ao cabo, o novo PDE-MSP foi instituído por meio da lei municipal 16.050/2014 e, de certa forma, introduziu algumas inovações no planejamento urbano do município de São Paulo.

A base do novo PDE-MSP é o conjunto de macroáreas, apresentadas no mapa 2 anexo àquela lei municipal 16.050/2014, criadas a partir de uma interpretação de grandes porções do território municipal que orientaram a definição de objetivos sociais, econômicos, urbanísticos e ambientais, os quais, por conseguinte, nortearam a formulação das estratégias de aplicação de parâmetros de ocupação urbana e dos instrumentos de política urbana.

As macroáreas expressam, no território municipal, o projeto de cidade que se quer buscar no município de São Paulo. São denominadas com os seguintes termos: Preservação dos Ecossistemas Naturais; Contenção Urbana e Uso Sustentável; Controle e Qualificação Urbana e Ambiental; Redução da Vulnerabilidade Urbana e Recuperação Ambiental; Redução da Vulnerabilidade; Qualificação da Urbanização; Urbanização Consolidada; Estruturação Metropolitana.

Vale destacar que a zona rural, correspondente às macroáreas de Preservação dos Ecossistemas Naturais e de Contenção Urbana e Uso Sustentável, integra o projeto de cidade do município de São Paulo que se quer alcançar nos curto, médio e longo prazos. Desse modo, o rural e o urbano se colocam como partes de um todo que devem, cada vez mais, ser vistas como complementares e não como dicotômicas.

2.1 — A persistência na inclusão territorial de assentamentos precários

No município de São Paulo, a existência de favelas, loteamentos irregulares e cortiços, dentre outros tipos de assentamentos precários onde vivem mais de três milhões de moradores de baixa renda, impõe a necessidade de se continuar com os esforços na busca por soluções mais adequadas e com maior alcance para atender os diferentes tipos de necessidades habitacionais.

Algumas soluções já são bastante conhecidas pelos profissionais do urbanismo e do planejamento urbano, porém, ainda não foram implementadas na escala necessária, seja no município de São Paulo, seja no Brasil como um todo. São soluções que passam, por um lado, pelas melhorias de assentamentos e habitações existentes que se encontram em condições precárias, mas não precisam ser removidas, e, por outro, pela produção de novas habitações em condições e localizações adequadas no interior das cidades.

Os grandes conjuntos habitacionais produzidos com recursos administrados pelo hoje extinto Banco Nacional de Habitação (BNH), e a produção do ainda em curso Programa Minha Casa Minha Vida (PMCMV, ilustr. 47) ensinam que é um erro construir moradias para a população de baixa renda nas periferias. Continua em plena vigência o desafio de se construir esses tipos de moradia em localizações com boas ofertas de comércios, serviços, equipamentos e infraestruturas urbanas e com oportunidades econômicas e de trabalho.

Os assentamentos precários ocupados com as moradias das populações de baixa renda são as evidências mais claras dos padrões socialmente desiguais e ambientalmente predatórios encontrados na urbanização brasileira e paulistana ocorrida ao longo do século XX.

O urbanismo e o planejamento urbano no Brasil não pode se dar ao luxo de fechar os olhos para as realidades desses assentamentos precários porque isso significaria deixar de lado a maior parte dos espaços urbanos do país e, consequentemente, os territórios existenciais da maior parte da população brasileira.

O novo PDE-MSP persiste na adoção de instrumentos de política urbana que incidem no mercado de terras urbanas de modo a ampliar acessos a localizações intraurbanas para a provisão habitacional de interesse social. Assim, prosseguindo o caminho aberto pelo PDE-MSP de 2002, o novo PDE-MSP de 2014 persiste na instituição de diferentes modalidades de Zonas Especiais de Interesse Social (ZEIS), demarcadas tanto em áreas com ocupações urbanas quanto em glebas e terrenos desocupados.

Os assentamentos precários e informais inseridos nas ZEIS ocupadas devem receber planos de urbanização e de regularização fundiária, enquanto as glebas e os terrenos desocupados inseridos nas chamadas ZEIS vazias devem receber conjuntos habitacionais destinados, na sua maioria, às famílias com renda de zero a três e de três a seis salários mínimos.

É interessante observar que as glebas e os terrenos inseridos nessas ZEIS vazias atravessaram o boom imobiliário da segunda metade da década de 2000 mantendo os preços 30% abaixo dos preços de imóveis do seu entorno. É sabido que a conjuntura nacional que gerou aquele boom imobiliário também provocou significativa elevação dos preços de imóveis paulistanos e de outras cidades brasileiras, dificultando o acesso à terra urbana para a provisão habitacional de interesse social.

Aquela elevação de preços dos imóveis paulistanos, especialmente de terrenos e glebas desocupadas, dificultou, e continua a dificultar, a formação de um banco de terrenos por parte do poder público municipal que possa ser utilizado para a produção de novas habitações para a população de baixa renda. Isso motivou a inclusão no novo PDE-MSP de um instrumento que foi denominado como "cota de solidariedade", cujo objetivo é obrigar que os responsáveis pela construção de grandes empreendimentos imobiliários no município de São Paulo doem parte do terreno para o poder público utilizar na construção daquelas habitações.

Em vez de doar parte do terreno do empreendimento, aqueles empreendedores podem fazer a doação em dinheiro, que deve ser depositado no Fundo de Desenvolvimento Urbano (FUNDURB). Vale dizer que 30% dos recursos desse fundo devem ser usados para a produção de habitação para a população de baixa renda.

2.2 — A persistência no transporte coletivo como estruturador da cidade

No município e na região metropolitana de São Paulo, a crise de mobilidade urbana prejudica os deslocamentos diários de milhões de pessoas durante os horários de pico da manhã e da tarde. Essa crise não surgiu do dia para a noite. Foi sendo construída ao longo da história, no interior de um processo de urbanização baseado na prevalência do meio de transporte rodoviário e no "padrão periférico".

De um lado, essa crise originou-se com a expansão periférica dos espaços urbanos paulistanos que distanciou excessivamente os locais de moradia dos trabalhadores, sobretudo os de baixa renda, dos locais centrais onde até hoje há a maior concentração dos postos de trabalho, principalmente dos setores comercial e de prestação de serviços.

De outro lado, essa crise se agravou com o excesso de automóveis individuais em circulação diária nas ruas e avenidas da metrópole paulistana. A esse fator soma-se a superlotação dos sistemas de transporte coletivo (ônibus, trens e metrô) cuja oferta e funcionamento ainda apresentam grandes déficits quantitativos e qualitativos.

Afora as deseconomias de diversos tipos, a crise de mobilidade urbana provoca perdas na qualidade de vida das pessoas por conta dos desgastes físicos e mentais associados ao estresse sofrido nos congestionamentos e nas superlotações dos ônibus, trens e metrôs.

Para superar essa crise, o novo PDE-MSP recuperou uma ideia antiga que, já na década de 1970, propunha o adensamento urbano ao longo dos eixos e no entorno das estações de transporte coletivo.

Os objetivos principais desses Eixos de Estruturação da Transformação Urbana são, por exemplo: (i) orientar a produção imobiliária e promover o adensamento construtivo, habitacional e demográfico para esses eixos de modo a fazer aproximações entre os locais de moradia e de trabalho; (ii) reduzir o uso de automóveis individuais e ampliar o uso dos sistemas de transporte coletivo; (iii) otimizar o aproveitamento dos investimentos públicos em serviços, equipamentos e infraestruturas urbanas já realizados e por realizar; (iv) gerar "externalidades positivas" para os espaços públicos da cidade a partir de investimentos na produção imobiliária.

A ideia é que essa produção imobiliária futura no município de São Paulo se concentre predominantemente em áreas junto aos sistemas de transporte coletivo e gere melhorias nas ofertas de espaços públicos.

2.3 — A persistência da vida nos bairros

A vida dos moradores de uma grande cidade como São Paulo não transcorre da mesma maneira em todos os espaços urbanos. Transcorre, muitas vezes, em alguns poucos trechos desses espaços que fazem parte de bairros que compõem o todo da cidade.

Junto com os sistemas de transporte coletivo, os bairros são vistos cada vez mais como as unidades territoriais, sociais, culturais, políticas e ambientais a partir das quais se busca promover mudanças nas grandes cidades. As pessoas se referenciam nos seus bairros de moradia para pensar, discutir e fazer propostas para melhorar as condições da cidade. Por isso, são elementos potentes que podem ser ativados na busca por urbanidades mais sadias, com maior equilíbrio nas convivências com as biodiversidades sociais, humanas, culturais e ambientais.

O novo PDE-MSP reitera a proposta dos Planos de Bairro que já havia sido incluída no PDE-MSP de 2002, porém, ainda não há total clareza em relação aos seus conteúdos e métodos de elaboração. Uma coisa é certa: é necessário tomar como ponto de partida os modos como os moradores reconhecem os seus bairros e, a partir deles, acessam e usam outras porções da cidade. Outra coisa também é certa: é necessário levantar as diversas ações que os mais variados grupos de moradores já realizam para melhorar os seus e os outros bairros da cidade. A partir daquele reconhecimento e dessas ações, é possível construir uma concepção de Plano de Bairro enraizada na vida cotidiana das pessoas.

3 — A persistência do uso como ato de fazer cidade

A X Bienal de Arquitetura de São Paulo foi norteada pelo tema "Cidade: Modos de fazer, modos de usar". Com isso, atentou para os processos controversos e imbricados de fazer e usar a cidade na vida cotidiana, sobretudo para o desejo múltiplo e difuso por cidades melhores que sejam verdadeiramente lugares para a ação. É o caso, por exemplo, das ações reunidas em *CCA Actions* — "Ações: O que você pode fazer com a cidade", parte da exposição "Modos de agir" realizada no Centro Cultural São Paulo.[1]

1 X Bienal de Arquitetura de São Paulo, 12.10 - 01.12.2013, realização IABsp + correalizadores e parceiros. Mais

Observam-se estratégias de instituições culturais, como em diversas bienais, de ocupar a cidade, as ruas e as mídias sociais, articulando várias parcerias e colaborações. A X Bienal adotou essa articulação em rede, se espalhando pela cidade, na qual discurso, agenciamento e experiência foram convergentes, alcançando públicos diversos e uma heterogeneidade de usos, espaços, geografias, climas, sotaques, histórias, trajetórias, territórios e agentes da cidade.

Dentre outras exposições e atividades, a plataforma "Modos de colaborar" no Sesc Pompeia foi um evento com exposições, debates, oficinas e residências-intervenções que mostraram e discutiram ações singulares, cooperativas, anônimas, associativas — locais e internacionais — desenvolvidas por arquitetos, designers, artistas, escolas, moradores dos bairros, entre outros.

Em tempos de redes sociais (virtuais e concretas), são ações com escalas variadas, mais sutis e quase invisíveis, que apresentam temporalidades, objetivos, resultados e retornos diversos. Seus processos de elaboração ajudam a perceber o que existe de consenso e dissenso nos modos de fazer e usar a cidade pelos moradores e outros agentes, com potencial de multiplicação e transformação, e reverberações locais e até internacionais. Estar atento a essas ações é de suma importância para a compreensão e consequente proposição de políticas públicas e articulação com outras dinâmicas urbanas, especialmente no que tange à relação entre poder público e cidadãos.

Um exemplo apresentado foi o projeto *Amplifying Creative Communities* (Amplificando comunidades criativas), iniciada pelo DESIS Lab — Design for Social Innovation and Sustainability, na The New School for Design da Universidade Parsons, em Nova York, que busca ampliar iniciativas da comunidade no desenvolvimento de modos sustentáveis de viver e trabalhar.

"Amplifica Pompeia" resultou da colaboração entre o DESIS Lab e a EISE, a X Bienal e o Sesc Pompeia para "Modos de colaborar". Os alunos da EISE (Escola de Inovação em Serviços) percorreram suas ruas para conhecer e registrar iniciativas colaborativas com impacto positivo

informações em http://ligianobre.org/index.php/plataformas/modos-de-colaborar/ sobre "Modos de colaborar" no Sesc Pompeia. A exposição *CCA Actions* foi realizada em parceria com o Canadian Centre for Architecture, projeto em português http://cca-actions.org/pt-br.

na comunidade. Como apontam os coordenadores do trabalho, "ao divulgar iniciativas colaborativas, o projeto pretende estimular diferentes pessoas a seguirem exemplos positivos, multiplicando ações coletivas e ampliando o impulso rumo a centros urbanos mais desejáveis".[2]

Existem várias iniciativas recentes de cartografias de ações singulares e coletivas positivas, na Pompeia e em outros bairros de São Paulo, assim como tentativas de aproximação entre essas ações e o poder público. Esses movimentos se abrem para interpelações sobre quais instrumentos e práticas, quais decisões e posturas, dão conta da criação coletiva de espaços urbanos comuns [*commons*] que gerem condições para que as pessoas se reúnam em público a fim de produzir e utilizar os recursos da cidade, fora de demandas do mercado e rompendo com mecanismos de apropriação privada de bens públicos de uso comum.

A X Bienal operou como uma "caixa de ressonâncias" de potências e desafios do momento presente, conferindo o papel ativo do uso das cidades e a emergência de práticas colaborativas no mundo contemporâneo, com legados que reverberam ainda hoje. Como ressalta David Harvey no ensaio "A liberdade da cidade"[3], "a implicação é que nós, individual e coletivamente, fazemos nossa cidade por meio de nossas ações diárias e de nossos engajamentos políticos, intelectuais e econômicos. Todos somos, de um jeito ou de outro, arquitetos de nossos futuros urbanos".

Usar e fazer são compreendidos aqui como pôr em prática — utilizar, praticar, realizar, criar, produzir. O entendimento de que "usar a cidade é fazer a cidade" implica a capacidade de responder dos diferentes agentes — diante dos enfrentamentos coletivos e existenciais, dos prazeres e convivências cotidianas — entre os colapsos e as continuidades.

3.1 — A persistência da vida comunitária como construção do comum

O conceito de *commoning* tem reemergido em debates, discursos e ações como maneira de responder aos desafios da crescente e predomi-

---

2 Lara Penin e Eduardo Staszowsky/DESIS Lab na apresentação da exposição "Modos de colaborar"/X Bienal. Ver também http://www.amplifyingcreativecommunities.org e https://www.facebook.com/amplificapompeia

3 Ensaio de David Harvey publicado no livro *Cidades rebeldes* [Boitempo, 2013].

nante privatização e do controle dos espaços urbanos nas cidades. Ao redor do mundo, redes de indivíduos e organizações estão construindo práticas do comum [*commons*], ativando o poder de cooperação social para ter as coisas feitas.

Em São Paulo, "espaços urbanos comuns" cotidianos têm surgido por ações de moradores, como nos exemplos de apropriação de terrenos baldios, jardins e praças que são transformados em hortas urbanas a partir da gestão e do uso coletivo.

Uma iniciativa recente é o movimento "A Batata precisa de você", no Largo da Batata, em Pinheiros, Zona Oeste. É um exemplo de organização social que assume práticas de engajamento comunitário para sugerir novas formas de uso desse espaço que sofreu remodelação urbana de grande escala no contexto do bairro, não mais equipado para estar, mas unicamente pavimentado para a circulação no trajeto entre os pontos de ônibus e metrô, entre a malha viária e as torres de escritórios.

Na metrópole paulistana, usar, ocupar, ficar, usufruir ruas, largos, praças e parques como lugares públicos, abertos e coletivos, têm um significado muito relevante e desafiador, por se tratar de uma cidade onde esses valores se perderam no tempo, ou talvez nem tenham se constituído.

Recentemente, o movimento "A Batata precisa de você" tem promovido um exemplo de potencial mudança no modo de construir a cidade por meio de um laboratório de mobiliário urbano, arborização e atuação cultural, resgatando a diversidade de usos populares daquela região.

A estratégia temporal de persistir e permanecer para ocupar e transformar esse lugar procurou construir vínculos entre os moradores e frequentadores do bairro como, por exemplo, coletivos de artistas, arquitetos e designers, comerciantes, entre outros. Trata-se de uma estratégia para a realização de uma construção afetiva, política e física de um espaço urbano comum.

3.2 — A persistência da força na articulação micro-macro

O bairro de Cidade Tiradentes (ilustr. 2-4), na Zona Leste de São Paulo, com aproximadamente 330 mil moradores, extensivos conjuntos habitacionais e infraestrutura precária, expressa as formas segregadas de urbanização e produção do espaço urbano periférico na cidade. A convite da X Bienal de Arquitetura de São Paulo em 2013, os coletivos Núcleo de Arquitetura e Cultura Construtiva — NACCO (São Paulo) e Al Borde (Quito, Equador) participaram de uma residência-colaboração em parceria com o recente equipamento municipal Centro de Formação Cultural Cidade Tiradentes (CFCCT, ilustr. 5-7).

A ideia foi entender quais eram as dificuldades fundamentais para se desenvolver uma ação com resultados a curto, médio e longo prazo. Nas conversas com os moradores, ficou claro que a demanda era por melhoria da infraestrutura urbana, e que o CFCCT se tornasse mais permeável ao entorno. Após quarenta dias, foi feito um mutirão com os arquitetos e a comunidade para a criação de um trajeto e de uma ponte, além de um evento com música e grafite comunicando o que estava acontecendo. Foram construídas conexões políticas e físicas entre o centro cultural e as comunidades lindeiras de Cachoeira das Garças, que ocupam uma das margens do córrego que atravessa o bairro.

Um dos legados dessa experiência foi a aproximação dos moradores com o CFCCT. Esses moradores passaram a usar e se apropriar desse equipamento público. Importante notar quão potente pode ser uma ação dessas, coordenada por agentes sensíveis e engajados com essas questões. A X Bienal, nesse aspecto, operou como aglutinadora de diversos vetores de forças e agentes, capaz de articular escalas micro-macro, propiciando a troca de repertórios e a viabilização com mais agilidade de melhorias urbanas urgentes.

Como evidenciado na observação do diretor do CFCCT: "Foi preciso chegar o pessoal e dizer que era arquiteto, trabalhando com a Bienal, para que a subprefeitura limpasse a rua entre o centro cultural e a comunidade. Hoje, ela foi reconhecida como rua de fato, e o pessoal colocou até uma placa: rua Nova da Cultura." Resta saber como conseguiremos perseverar e persistir com essas ações, multiplicando-as para que elas não sejam eventos esporádicos nos modos de fazer e usar a cidade.

4 — Bibliografia

Lei Municipal 16.050/2014 que institui o Plano Diretor Estratégico do Município de São Paulo.

HARVEY, David. "A liberdade da cidade", tradução de Gavin Adams, in *Cidades rebeldes: Passe livre e as manifestações que tomaram as ruas do Brasil* / Ermínia Maricato... [et al.] - 1. Ed. - São Paulo: Boitempo Editorial e Carta Maior, 2013.

Por que o Brasil, por que São Paulo?

Olivier Mongin*

O europeu que sou não deve e não pode mais se contentar em se vangloriar prudentemente da cidade europeia, aquela que coloca "idealmente" à frente o corpo, a cena, o espaço público, sempre lembrando os laços do universo urbano e da democracia, o papel das ruas e das praças que as revoltas árabes puseram, durante certo tempo, diante da cena mundial.

Isso por diversas razões. Em primeiro lugar, porque a história não reconhece à Europa todos os direitos sobre a cidade, como lembrou recentemente o antropólogo Jack Goody em seu *Voo da História*. Em seguida, porque a mundialização em curso (a terceira — a das novas tecnologias que tudo sabem — depois das grandes descobertas, que conduziram até aqui, e da revolução industrial) é um fenômeno em que a urbanização é um motor impiedoso: alguns associam mundialização e urbanização à razão, ou até mesmo urbanização generalizada e metropolização, enquanto outros sublinham que assistimos à última geração de migrantes rurais que vão para a cidade (vide o livro de Doug Saunders, *Du village à la ville* [*Do vilarejo à cidade*][1]). Isso significa dizer que a questão urbana é uma questão global, dado que é compartilhada e que não é estranha à mundialização econômica que ocupa todo o espaço (a crise dos *subprime* de 2008 está aí para mostrar o peso da renda imo-

1 SAUNDERS, Doug. *Du village à la ville. Comment les migrants changent le monde*. Paris: Seuil, 2012.

* **Olivier Mongin:** Editor e autor, ex-diretor de publicação da revista *Esprit* [2008-2012]. Publicou no Brasil *A condição urbana — A cidade na era da globalização* [Estação Liberdade, 2009] e, mais recentemente na França, *La Ville des flux — L'envers et l'endroit de la mondialisation urbaine* [Fayard, 2013].

biliária e do capitalismo imobiliário que passam pelos acontecimentos mundiais e os grandes trabalhos — vide Doha). Disso é preciso tirar uma conclusão simples: a urbanização em curso é um fenômeno compartilhado (é nisso que ela é global) que a Europa não pode compreender, se ela se contentar em elogiar um urbanismo, o de Haussmann, de Wagner e de Cerda, aquele que ela associa ao higienismo e ao Estado providência, à redistribuição, aos serviços, ao interesse público (que são todas noções problemáticas). De fato, não se pode confundir urbanização e urbanidade, inscrição territorial e democratização.

Tal é o terceiro argumento: se a urbanização em curso distingue a *urbis* e a *civitas*, a urbanidade e a urbanização, ela caminha numa dupla direção que tende a dissociar local e global, e a pôr em questão a ideia emancipadora do limite de integração que inspirou a cidade europeia, na época da criação das comunas emancipadas: ou ela caminha no sentido de uma falta de limites (a da *urban sprawl*, da extensão infinita dos territórios e mal controlável, tudo o que diz respeito ao suburbanismo, ao periurbanismo, ao exourbanismo); ou então ela caminha no sentido de uma limitação/contração, que é a da cidade insular, do tipo de Dubai ou de Singapura, aquela das polaridades na moda e conectadas. Por outro lado, o devir urbano deve ser abordado por ao menos três prismas, o que não pode constituir um campo de especialistas, de engenheiros ou de artistas. Três prismas: o projeto urbano, o imaginário e os modos de governança, que por sua vez fazem eco ao mercado, ao poder público e ao informal.

Por que o Brasil, por que São Paulo?

Pela boa razão de que todas essas interrogações comuns ressoam fortemente nessa cidade! Entretanto, não queremos fazer de conta que acreditamos viver os mesmos problemas, com a mesma intensidade, com as mesmas dificuldades, com as mesmas durações — de fato, aprendemos uns com os outros, dos dois lados do Atlântico. No caso de São Paulo, desde a memorável viagem de Claude Lévi-Strauss, contada em *Tristes trópicos* — que, preso entre a velha Europa urbana e o sentido coletivo dos povos amazônicos, pressentia, na qualidade de antropólogo, a excessiva velocidade da evolução urbana de São Paulo. Será suportável, durável, habitável, tolerável? E como? Se por um lado os movimentos urbanos recentes são variados e diversos — o mesmo ocorre na Turquia e na China —, por outro são todos significativos.

A meu ver, o interesse desse périplo a São Paulo (o quinto, no que me diz respeito) é duplo. Num aspecto, ele convida a questionar as políticas e estratégias de imagens que atualmente são valorizadas em nome das necessárias atratividade e apresentação. De fato, São Paulo tem duas faces: esta cidade-polvo e voraz questiona a imagem que se lhe dá e que ela se dá. A que se lhe dá: uma cidade do poder econômico e financeiro que vive mal, devido à violência que nela assola. São Paulo: uma cidade poderosa e uma cidade violenta, uma cidade que respeita os critérios discutíveis de Richard Florida[2] (aqueles da cidade criativa colocada à frente pelos vereadores e pelos prefeitos em toda parte) e que é perigosa, mal vivenciada. Mas uma aproximação concreta, não correlacionada à imagem que se lhe dá, leva a nuançar essa constatação. Em outro aspecto, São Paulo é um laboratório complexo que questiona diversos tipos de abordagem aplicados rapidamente demais e que se acreditam ligados a uma mundialização urbana homogênea (deixando crer que em todos os lugares ocorre a mesma coisa): entre outros, o da gentrificação, o da cidade global e o da erosão do centro da cidade, noções que carecem de uma avaliação acurada. Cidade global da Paulista/Cidade monstro do informal: além dessas imagens e formas que remetem a certa realidade, o que efetivamente ocorre com esse conjunto urbano movente? Dele se pode dizer justamente que escapou ao processo de gentrificação desse tipo de território e que não forma uma cidade global. Mas por que então essa afirmação? Porque essa cidade de duas faces, dual, limpa e suja, como todo conjunto urbano, essa cidade difícil, é também uma cidade que resiste e não se contenta em exibir o mercado e o informal.

Ela é, de fato, uma cidade habitada. Tivemos ao menos duas oportunidades de constatar esse fenômeno, devido ao nosso périplo: primeiramente, observando grandes conjuntos (Cidade Tiradentes) que, diferentemente dos grandes conjuntos oferecidos pelo Estado francês nos anos 1960, não resumem a habitação exclusivamente na moradia. Os grandes conjuntos são com frequência acompanhados de complexos culturais impressionantes que chamam a atenção, o que não deixa de ter relação com a obra sul-americana de um arquiteto franco-colombiano, Rogelio Salmona, que trabalhou no escritório de Le Corbusier na mesma

---

2 FLORIDA, Richard. *Cities and the Creative Class*. Londres: Routledge, 2005.

época que o franco-grego Iannis Xenakis. São Paulo é mais habitada do que muitas cidades europeias, é uma cidade de movimentos sociais, de associações de bairros (vide o exemplo da Nova Luz — ilustr. 40-41). Isso deve reter nossa atenção, dado que afeta as modalidades de governança num país em que as relações da democracia urbana e da democracia representativa, da cidade e dos estados (estados federados e o Estado Federal) não são particularmente harmoniosos.

Aventurar-se nos labirintos de São Paulo permite romper imagens e estereótipos, mas também observar o que temos que aprender com os outros, sem floreados e sem demagogia. O desafio está aí: respeitar seguramente alguns valores urbanos durante muito tempo assumidos na Europa, mas também preparar um urbanismo emergente (sabendo-se que a China não é o Brasil) que não pode ser substituído pelo urbanismo industrial europeu de ontem.

Se por um lado a mundialização urbana só pode ser abordada por meio de três linguagens amiúde dissociadas, de três prismas que não se recobrem — lembrando: o dos projetos urbanos, o do imaginário (mas qual? o dos habitantes, ou o dos que são impostos do exterior?) e o dos modos de governança —, por outro meu ponto de vista de não profissional é: a mundialização raramente caminha no sentido da democracia, enquanto que o debate político é mais do que nunca indissociável da questão urbana.

A [in]sustentabilidade da arquitetura a partir da metrópole paulistana

Diego Beja Inglez de Souza*

A proposição de problematizar o tema da sustentabilidade na arquitetura feita pelo Institut français à equipe de curadoria da X Bienal de Arquitetura de São Paulo atingiu em cheio o cerne dos modos de fazer e usar as cidades programado nessa edição do evento, que teve como ponto de partida uma radical reinterpretação do que poderia ser uma Bienal de Arquitetura. Ao focalizar a cidade, sua produção e sua apropriação, a X Bienal distanciou-se de uma interpretação simplista do que é arquitetura, aproximando-a do contexto em que construímos, habitamos e pensamos.[1] A sustentabilidade, tema evocado de maneira recorrente e bastante superficial, foi também radicalmente reinterpretada pelo grupo de arquitetos e intelectuais convidados pelo Institut français para se confrontar com o conceito nos limites da metrópole paulistana a partir do seu contrário, ou seja, da insustentabilidade. Pareceu-nos que o debate sobre o que é insustentável na arquitetura e em nossas cidades a partir do exemplo de São Paulo seria uma estratégia mais interessante do que ceder à retórica dos próprios projetistas que disputam prêmios, selos e rótulos com suas realizações pontuais e soluções por vezes convencionais, travestidas de inovadoras e baseadas em ideias e posturas pouco claras em torno do tal ecologicamente correto. As visitas, ateliês e debates que ocorreram durante cinco dias entre o final de outubro e

1 Ver HEIDEGGER, Martin (1954) 'Construir, habitar, pensar'.

* **Diego Beja Inglez de Souza:** Arquiteto e urbanista, curador da exposição "Reconstruindo os grandes conjuntos" e do seminário *Insustentável Arquitetura*, realizados juntamente com a X Bienal Internacional de Arquitetura de São Paulo.

o começo de novembro de 2014, que tomaram a forma e o nome de seminário *Insustentável Arquitetura* e tiveram lugar em diversos pontos da cidade — outra diretriz estratégica da X Bienal —, nos mostraram que tínhamos razão.

A ideia que norteou a seleção dos casos estudados ao longo dessas proveitosas jornadas era a de se debruçar sobre algumas situações-limite em termos de condições de vida de uma grande parte da população de São Paulo, que continham em si eloquentes características e dimensões da questão do habitat na metrópole paulistana, ao mesmo tempo que indicavam possíveis caminhos para a construção de uma cidade mais sustentável, sobretudo do ponto de vista social. Se essas dificuldades são "os nossos melhores amigos", como certa vez declarou o grande Frank Lloyd Wright, frase que a igualmente grande Lina Bo Bardi[2] gostava de recuperar, é imperativo que os arquitetos e urbanistas se debrucem sobre condições francamente insustentáveis de vida para dali extrair as bases de suas propostas.

No primeiro dia, os participantes do seminário — entre eles, vinte alunos selecionados entre as diversas faculdades de arquitetura e urbanismo de todo o país — percorreram mais de quarenta quilômetros para encontrar um dos limites da mancha urbanizada da metrópole paulistana: o bairro de Cidade Tiradentes, talvez o maior complexo de conjuntos habitacionais da América Latina. Ao percorrer os diversos conjuntos construídos pela Cohab-SP na Zona Leste, pudemos mergulhar nos mares de prédios e mares de gente[3] que configuram o conjunto, assim como conhecer em mais detalhes alguns projetos excepcionais realizados nos últimos anos que ajudaram a promover uma transformação radical no modo de produzir o território popular nas margens da cidade: o conjunto Paulo Freire, projetado pela Assessoria Técnica Usina CTAH e construído pelos próprios moradores através do sistema de mutirão autogerido (ilustr. 12-13), o primeiro dos Centros Educacionais Unificados, o CEU Inácio Monteiro (ilustr. 8-11), interessante

---

2 Ver FERRAZ, Marcelo e VAINER, André (Orgs.) *Cidadela da liberdade* - Lina Bo Bardi e SESC Pompeia. São Paulo: Edições SESC, 2013.

3 Expressão que serve de título para a interessante dissertação de mestrado do geógrafo Marcio Rufino Silva sobre o território e a "urbanização crítica" de Cidade Tiradentes, defendida em 2008 no Departamento de Geografia da Universidade de São Paulo.

exemplo de articulação de equipamentos culturais e de lazer que insere na região um polo de cidadania e urbanidade idealizado e realizado pelos arquitetos da EDIF[4] e o Centro de Formação Cultural da Cidade Tiradentes, aposta da Secretaria Municipal de Cultura nas múltiplas potencialidades em termos culturais presentes na região para enfrentar as carências e demandas da população, iniciativa que contou com a colaboração do governo francês, principalmente na concepção de uma estrutura dinâmica e aberta à participação ativa dos habitantes do distrito.

Já no segundo dia, nos dirigimos ao coração da cidade para ver como condições insustentáveis podem conviver com as intensas dinâmicas econômicas e populacionais que caracterizam a região central da metrópole paulistana. Um antigo cortiço resultante de uma estrutura abandonada em meio à sua construção e habitada de maneira improvisada, cuja gestão foi retomada pelos seus habitantes, tornou-se o Edifício União (ilustr. 23-31), após uma série de intervenções tão sutis quanto necessárias. O edifício vivo e habitado torna-se assim uma espécie de metáfora do que poderia ser a, por vezes, abstrata "extensão universitária", já que por meio do conhecimento técnico e da engenharia social articulada pela Universidade de São Paulo e pela professora Maria Ruth Amaral de Sampaio, da Faculdade de Arquitetura e Urbanismo, as demandas encontraram as possibilidades, criando algo radicalmente novo na paisagem construída e humana do bairro do Bom Retiro.

No último dia de ateliês, os participantes do seminário *Insustentável Arquitetura* confrontaram-se com a singular realidade da Favela da Linha, composta de um aglomerado de habitações improvisadas construídas sobre um ramal ferroviário desativado no entorno do Ceagesp, centro de distribuição de produtos hortifrutigranjeiros que alimenta boa parte da região metropolitana. Ainda que o fenômeno da favela seja internacionalmente conhecido e esteja associado de modo incontornável ao Brasil, é fundamental perceber que não se trata de uma realidade homogênea, pois engloba situações muito distintas entre si que variam da precariedade e da segregação absoluta a condições ainda

4 Departamento de Edificações da Prefeitura Municipal de São Paulo, escritório público de projetos a serviço da cidade desde 1948.

mais complexas em função de sua história, de sua composição social e de sua inserção urbana. Pois eis que da leitura sensível dessa situação e de potencialidades particulares emerge a ação da ONG Acaia, instalada no bairro vizinho de Vila Leopoldina, que vem trabalhando com crianças da Favela da Linha, ampliando em muito seus horizontes e ao mesmo tempo propondo ações no território circunscrito da favela, que acabaram por concretizar a sua conexão ao sistema público de esgotos — efetivação de uma parte importante dos seus direitos à cidade, que culminaram na elaboração de um projeto para a metamorfose das habitações que preserva seu endereço urbano e respeita suas dinâmicas. Os projetistas da Base 3 arquitetura, que acompanham o trabalho social desenvolvido pela ONG e que desenvolveram este projeto de excepcional qualidade, além de aprenderem com a favela, traduziram em plantas, cortes e perspectivas os desejos dos moradores da Favela da Linha, parte igualmente fundamental dos direitos à cidade.

Muito mais do que formular respostas e rascunhar esquemas que vangloriem boas práticas, nossa intuição nos levou a recolocar os termos e dimensões do problema de maneira precisa e aguda, fomentando o debate e a diversidade de pontos de vista num encontro singular que, por sua vez, se desdobra em outras edições do evento, e sobretudo em múltiplas reflexões que certamente continuam a preencher os cérebros e imaginários dos participantes e do público que tomou parte do seminário *Insustentável Arquitetura*.

Conjunto insustentável

Guilherme Moreira Petrella*

A urbanização dos anos 1970 se manifesta de modo distinto nas experiências dos países do norte e nas experiências aqui do Sul. Lá, esses anos marcam a "crise do conjunto habitacional" com a constatação dos limites dessa forma de produção do espaço, ensejando revisões, críticas e, inclusive, algumas demolições.[1] Esses anos marcam por lá, também, o que é considerado o "fim do moderno", processo que se realiza em paralelo à ascensão das *renovações urbanas* de áreas centrais, zonas portuárias ou industriais: tecidos urbanos considerados obsoletos segundo a ótica de políticas sociais e econômicas do neoliberalismo financeiro, que se desenvolve a partir desses anos.

Por aqui, é exatamente a partir de 1970 que se efetiva a produção em massa de unidades habitacionais e equipamentos coletivos por meio de conjuntos habitacionais. O "apogeu do conjunto habitacional" associa-se às estratégias econômicas do desenvolvimentismo industrial imposto pelas relações políticas autoritárias do governo militar constituído após o golpe de Estado de 1964. É por meio dessa associação que são criadas as estruturas financeiras e institucionais que sustentam a produção em massa de conjuntos habitacionais: o Sistema Financeiro de Habitação e o Banco Nacional de Habitação (SFH/BNH), organização institucional que retira compulsoriamente do *trabalho* (Fundo de Garantia por Tempo de Serviço — FGTS) os recursos para a reprodução do *capital*. Contudo, a expressão dessa combinação é uma indústria da

---

1 Cf. BOURDIEU, 2007; LEFEBVRE, 1971, 1974; LEFEBVRE, 2008; PRETECEILLE, 1976.

---

* **Guilherme Moreira Petrella:** Arquiteto e urbanista, coautor de projetos habitacionais e urbanos. Professor de Projeto de Arquitetura da Escola da Cidade e da Universidade São Judas Tadeu.

construção civil sem industrialização, com uso intensivo do trabalho sem máquinas e pré-fabricação, e a urbanização sem urbanismo, com a extensão do tecido urbano periférico "sem cidade". Essa extensão é parte do processo de intensificação da construção em áreas centrais da cidade, que aguça a segregação socioespacial.

O conjunto habitacional é, portanto, uma *forma* — no sentido dialético do termo — de produção social que articula políticas sociais, políticas econômicas e produção do espaço. Por políticas sociais entende-se o acesso à moradia, serviços e equipamentos coletivos como componentes da cesta de consumo do trabalhador: o Estado regula a reprodução da força de trabalho. Por políticas econômicas entende-se o desenvolvimento da indústria da construção civil e capitalização do solo urbano como meio de extrair lucro e rendas do processo de produção: o Estado regula a reprodução do capital. Há que se notar que reprodução da força de trabalho e reprodução do capital são termos em contradição, na medida em que ambos disputam o excedente de produção da força de trabalho, a mais-valia. Nesse contexto, a produção do espaço se constitui como condição geral de reprodução capitalista — organizando trabalhos, trabalhadores e deslocamentos das mercadorias — e como uma nova forma de habitar e viver a cidade.

O *conjunto de conjuntos*[2] de Cidade Tiradentes é inserido na série de construções dessa forma de produção em São Paulo a partir dos anos 1970[3], alcançando o maior número de unidades habitacionais produzidas nas duas décadas posteriores. Os grandes conjuntos foram sendo implementados em locais cada vez mais distantes das áreas centrais da cidade, além de serem adensadas as unidades habitacionais, com a diminuição de suas dimensões (áreas, alturas, afastamentos) e a redução dos espaços e equipamentos públicos. Esses conjuntos são realizados em áreas previamente urbanizadas — a partir de trabalho doméstico não remunerado — ou de áreas conquistadas da natureza e do rural. Se essas camadas de investimentos[4] iniciais representam a extensão da

---

2 Cf. PETRELLA, 2012.

3 Os conjuntos da Zona Leste de São Paulo (Itaquera, José Bonifácio e Teotônio Vilela) antecedem a construção de Cidade Tiradentes, possuindo maiores unidades habitacionais e quantidades de espaços públicos. Eles são menos densos, portanto.

4 Cf. MAUTNER, 1999.

jornada de trabalho do trabalhador, uma espécie de mais-valia absoluta, a entrada do Estado na provisão de infraestruturas e de conjuntos habitacionais representa o aguçamento de processos de exploração da força de trabalho e de espoliação do trabalhador de forma relativa.[5]

O distrito de Cidade Tiradentes foi sendo constituído de forma fragmentária e sem uma lógica urbanística. Suas glebas (e empreendimentos correspondentes) foram criadas a partir da disponibilidade de terras compradas pelo poder público. Portanto, é a lógica fundiária que mobilizou sua ocupação: seja pelo desmatamento ambientalmente desastroso, seja pela incorporação de terras agrícolas. O resultado é um tecido urbano disperso, desordenado, isolado, e que permitiu a ocupação posterior de seus interstícios por loteamentos precários e favelas. Essa justaposição de tipologias de construção e espaços (conjuntos de casas, conjuntos de prédios, loteamentos e favelas) forma o maior aglomerado de habitação estatal da América Latina (ilustr. 3-4).

Apesar da tendência à homogeneidade desse conjunto, predominantemente habitacional, o distrito e seu entorno imediato ainda são hoje o lugar que concentra a provisão pública de moradias. Contudo, já não obedece o mesmo padrão das décadas anteriores: agora são edifícios isolados e mais altos, ou pequenos conjuntos habitacionais nascidos já como condomínios fechados. Essa zona, anteriormente limítrofe da cidade, passa a ser incorporada a processos de valorização imobiliária, mais comuns nas áreas centrais da cidade. É valorizada a partir de transformações ligadas aos grandes negócios e investimentos internacionais, sobrepondo mais uma camada de investimento imobiliário na região.[6]

Essa "periferização" urbana, construída pelo Estado em associação à produção doméstica e à produção para o mercado, representa uma desistência da cidade, que, por um lado, é funcional à reprodução do capital e, por outro, é reiterada pelo conjunto de seus moradores na medida em que permite o acesso à propriedade privada. Esta, na tradição histórica brasileira, *representa* a estabilidade diante das instabilidades da

---

5 Cf. MARX, 1985-1986.

6 O estádio de futebol de Itaquera, inaugurado na abertura da Copa do Mundo de 2014, localiza-se nas bordas do Conjunto Habitacional Itaquera, que, por sua vez, situa-se entre o aeroporto de Guarulhos e o porto de Santos. Essa condição urbana, que passa atualmente por grande transformação, notadamente a partir das infraestruturas viárias de acesso ao estádio, parece estar na mira do mercado imobiliário, que busca a privatização da valorização a partir da construção pública de "condições gerais".

vida cotidiana. Ainda em seu aspecto ideológico, aparenta ser a liberdade frente à espoliação dos aluguéis e das ocupações precárias e transitórias de partes da cidade. Contudo, o que se vê ainda é uma alta taxa de não proprietários efetivos, desmistificando o caráter "libertário" que a propriedade privada prometia.

De qualquer modo, no interior desse processo que se movimenta há quarenta anos, afloram movimentos sociais organizados em torno de questões urbanas, notadamente na luta por moradia. Essa formação tem como objetivo, a partir da organização popular e autogestão de recursos públicos, a oposição a formas oficiais de produção da habitação e da cidade, que são baseadas nas relações privilegiadas entre Estado, empresas construtoras e incorporadores associados ao mercado de terras. Tal combinação dinamiza o processo de privatização do produto social, aguça a decomposição da cidade e a dissolução da sociedade.[7] O construído é de baixa qualidade, regulado pela lógica de reprodução capitalista e realizado precariamente com altos índices de acidentes de trabalho, desperdício de materiais e recursos naturais ou manufaturados. O resultado é o desastre de uma cidade insustentável.

Assim, a luta por moradia baseia-se na construção de edifícios e espaços comuns a partir do trabalho coletivo e projetos arquitetônicos próprios, discutidos e assessorados por equipes técnicas: produção de relações sociais em identidade com produção do espaço. Denominam-se mutirões autogeridos. Portanto, a qualidade do trabalho (redução do esforço físico, formalização das relações de emprego), a segurança do trabalhador e a consciência das operações e atividades organizam o canteiro de obras e a busca de soluções técnicas, econômicas e ambientalmente favoráveis (iluminação, ventilação, acústica). Isso se institui a partir de um processo de formação técnica e política, que se inaugura com a ocupação do terreno e a pressão do movimento social sobre o Estado. Posteriormente se constrói o espaço coletivo primordial, o galpão ou o centro comunitário, onde são feitas as assembleias, as festas, as discussões de projeto e de obra, como o que ocorreu com o conjunto habitacional Paulo Freire (ilustr. 12-13). Parafraseando Oscar Niemeyer: "quando as relações sociais estão feitas, o edifício está pronto."

---

7 Cf. PEREIRA, 1988.

Ainda que na última década o *mutirão* tenha sido tomado pelas relações oficiais de produção, que mantêm o trabalho desqualificado e não remunerado e eliminam a autogestão, é necessário destacar que se preserva o sentido dessa *experiência,* como processo narrado, discutido e reelaborado. Nesse resíduo há, como um possível-impossível, a transposição para outras formas de produção do espaço e de relações sociais, notadamente diante das condições contemporâneas da metrópole e do capitalismo, em sua face globalizada e financeira. A luta social desvia-se diante da centralidade dos grandes eventos internacionais culturais, esportivos e tecnológicos na produção do espaço na busca de uma outra forma de habitar e viver a metrópole.

Referências bibliográficas

BOURDIEU, Pierre. *A miséria do mundo.* Petrópolis: Vozes, 2007.

LEFEBVRE, Henri. *De lo rural a lo urbano.* Barcelona: Península, 1971.

______, *La production de l'espace.* Paris: Éditions Anthropos, 1974.

LEFEBVRE, Jean-Pierre. *Faut-il brûler les HLM?* Paris: L´Harmattan, 2008.

MARX, Karl. *O capital: crítica da economia política.* São Paulo: Nova Cultural, 1985-1986.

MAUTNER, Yvonne. *A periferia como fronteira de expansão do capital.* Em CSABA, Deák & SCHIFFER, Sueli (orgs.). *O processo de urbanização no Brasil.* São Paulo: Edusp, 1999.

PEREIRA, Paulo Cesar. *Espaço, técnica e construção: O desenvolvimento das técnicas construtivas e a urbanização do morar em São Paulo.* São Paulo: Nobel, 1988.

PETRELLA, Guilherme. *Das fronteiras do conjunto ao conjunto das fronteiras.* São Paulo: Annablume, Fapesp, 2012.

PRETECEILLE, Edmond. *La producción de los "Grands Ensembles".* Barcelona: GG, 1976.

Abertura: Insoutenable Architecture / Insustentável Arquitetura

Um jogo de palavras que revela a ambivalência das problemáticas urbanas atuais

Ludovic Malbet e Maïra Caldoncelli-Vidal*

Este seminário liga-se à Bienal de Arquitetura, que tem por temática "Cidade: Modos de fazer, modos de usar". Trata-se de colocar a questão da experiência da cidade hoje em dia e de confrontá-la com as transformações que nela se operam.

Essa ambivalência dá o tom das trocas futuras: em que ponto se encontra atualmente o laço entre as experiências vividas na escala do indivíduo (percebidas como múltiplas) e a visão global coletiva de uma cidade idealizada no futuro (frequentemente estereotipada e petrificada).

Essa oportunidade de aprofundar a problemática das cidades brasileiras e da América Latina no momento presente faz um eco particular à atualidade brasileira.

De fato, os grandes projetos e as novas especulações imobiliárias aceleraram-se a partir do momento em que o Brasil se tornou o país-sede da Copa do Mundo de futebol na primavera de 2014 e dos Jogos Olímpicos de 2016. Em paralelo, a população sofre diariamente a falta de infraestruturas e de mobilidade e a precariedade do meio ambiente.

---

* **Ludovic Malbet e Maïra Caldoncelli-Vidal:** Arquitetos e sócios-fundadores do escritório Agence MU (Paris e Tours).

Pela primeira vez desde que o país retomou a democracia, manifestações multiplicaram-se para insurgir-se contra esse desenvolvimento desigual.

O momento, portanto, foi bem escolhido para uma reflexão aprofundada sobre esse "ciclo do desastre" das cidades brasileiras, que se transformam passando por uma destruição em massa dos prédios e tecidos existentes que tinham constituído uma paisagem característica do lugar, dos deslocamentos da população habitante desfavorecida nas periferias, frequentemente em nome da inserção no movimento mundial que é o "desenvolvimento durável", que se aparenta mais ao *green washing*.

O jogo de palavras "insustentável arquitetura", temática do seminário, resume bem essa situação. Ele coloca em questão a noção de "arquitetura sustentável ou durável", como um futuro estável, seguro e controlado, para associá-lo à urgência de uma emoção, que faz referência à inquietude da maioria em face das mutações irreversíveis e perigosas dos grandes projetos urbanos atuais.

As visitas:

Estabelecer um painel dos diferentes contextos da megalópole de São Paulo

1. Tiradentes, uma nova cidade no extremo leste de São Paulo

Esta cidade encontra-se além dos terminais dos trens, a 35 quilômetros do coração de São Paulo. Esse território, na origem natural (Mata Atlântica, depois industrial: presença de pedreiras, de fabricação de tijolos), com geografia ondulada difícil de apreender, foi maciçamente investida por construções exclusivas de alojamentos sociais, criando assim uma cidade-dormitório, completamente dependente do coração econômico da cidade de São Paulo (ilustr. 2-4).

Andar no meio das ruas nas quais se justapõem indefinidamente os blocos de alojamentos oferece uma leitura muito clara do histórico sucessivo das construções sociais, chamadas de "Cingapura" a partir do final dos anos 1970 (ilustr. 14-15). Esse projeto de cidade sem heterogeneidade, com quarteirões típicos, pouco densos, cujo entrelaçamento de ruas não leva em conta a topografia, continua a estender-se, enquanto que nas zonas mais antigas os habitantes abrem as paredes dos blocos (destinadas a serem as garagens) que dão para as ruas no sentido de propor minicomércios de proximidade. Nessa realidade de cidade despedaçada, a vida de quarteirão espontâneo se reinventa.

Nesse contexto, no qual os investimentos públicos continuam a expansão exclusiva dos "Cingapuras", podemos nos perguntar por que, depois de quarenta anos e mais de 250 mil habitantes, a questão da identidade da Cidade Tiradentes, na qualidade de cidade igual a qualquer outra, ainda é imprecisa. Ela não responde às necessidades de autonomia (heterogeneidade de usos, trabalho próximo, serviço de proximidade, lazer, etc.).

Atualmente, o Estado desenvolve redes de equipamentos destinados ao lazer e à vida cultural (os CEUs, centros culturais de formação). Seu grande sucesso popular mostra que a população também é ativa e ávida por pertencer a um lugar vivo e particular, antes de ser englobada na noção de aglomeração.

A questão que podemos nos colocar nesse caso preciso é de como frear a expansão urbana dos "Cingapuras" e enfatizar essa valorização do território já construído: densificação, reflexão sobre a evolução das construções na área e o desenvolvimento de uma força econômica local nova, que permitiria se libertar da relação de dependência centro-periferia que gera as dificuldades de mobilidade e a discriminação.

2. Nova Luz, um projeto de requalificação do hipercentro

Da mesma forma, o projeto de renovação da Luz, bairro histórico de São Paulo, também conhecida como "cracolândia", vem de uma vontade política de desenvolvimento durável para revalorizar o centro, conter a expansão urbana, criar diversidade dos frequentadores e assim exercer influência em torno do nó de conexão da estação de trens (ilustr. 40-41). Ora, esse projeto foi violentamente questionado pela população e detido por vício de procedimento (caso preliminar).

Ao contrário da Cidade Tiradentes, a pressão imobiliária já é muito forte; a valorização desse bairro e a atração dos financiamentos privados se explicam por sua localização estratégica e pelo charme de sua história (Pinacoteca, Centro da Dança de Herzog e De Meuron, o chamado Complexo Cultural Luz), propícios à gentrificação[1] dos centros das cidades (fenômeno mundial).

De fato, o projeto apresenta todos os princípios da urbanização dita "durável": hierarquização dos fluxos (carros, pedestres, transportes comuns), valorização imobiliária com uma densificação sobre o tecido existente, pluralidade de programas (escritórios, comércios específicos, habitações de classe média, habitações sociais, etc.), discursos sobre a valorização do espaço público (parques, equipamentos, ruas com diferentes características). Apesar disso, o projeto nega a realidade do lugar, isto é, sua população atual; ele induz à apropriação de uma população genérica, o que desnatura a própria identidade desse bairro.

Pode-se notar a falta de crédito que a população dá aos poderes públicos: decisões tomadas de cima sem transparência, sem consultas, uma comunicação bastante estereotipada que, de tanto se repetir, não tem mais legitimidade.

Nesse contexto, a questão é como criar uma adesão unânime e um projeto de cidade comum, respeitando as diferenças de cada um dos componentes da cidade, assumi-los sem *a priori*.

3. Favela da Linha, ou a questão da coabitação entre cidade formal e informal

O contexto das favelas, tão representativo das grandes cidades da América Latina, não precisa ser apresentado. A grande precariedade mescla-se à enorme riqueza, sem conseguir coabitar.

De um lado, os limites são visíveis, dados pelas muralhas que sepa-

1 Termo que designa o fenômeno de alteração de uma região ou bairro — modernizando-o e provendo-o de novos comércios, de prédios mais sofisticados, de novos préstimos —, o que valoriza o entorno e encarece os custos de bens e serviços, empurrando para fora a população de baixa renda, que não consegue mais fazer face aos preços majorados. [N.T.]

ram os condomínios da rua. Do outro, os limites não são visíveis. Apesar de uma implantação mais ordinária, feita de continuidade construída e de conexões de um ponto a outro no bairro, esse território, reservado aos habitantes, é instintivamente contornado pelos visitantes (ilustr. 39).

Aqui, não se percebe nenhuma presença pública tentando coordenar esses dois extremos. Somente as questões de propriedade entram em conta, uma lei de faroeste do mais forte.

Nesse caso, nenhuma negociação é diretamente possível entre os atores sociais.

Nesse *status quo*, parece que o poder público tem um importante papel a desempenhar, com a finalidade de orientar e garantir uma equidade global sobre um território. Ferramentas, tais como o sistema de prioridade de compra, permitem encontrar uma relação de forças mais equilibrada entre as diferentes partes interessadas, e isto para que todos encontrem um interesse. Para um lado, a valorização geral do bairro permite um aumento do preço por metro quadrado; para outro, a oficialização de uma realidade e a melhoria das condições de vida permitem uma melhor integração social.

Essa visão instantânea de diferentes situações de São Paulo mostra a que ponto é importante ater-se a contextos específicos. Em contrapartida, a problemática da mutação da cidade é recorrente em todos os lugares: *como fazer* a cidade integrando todos os seus componentes, sem idealização?

Nos três contextos, voltamos a encontrar a importância da decisão política, que põe à disposição uma ambição territorial equilibrada e permite exercer uma boa influência sobre a participação popular. Esses quadros estabelecidos promovem uma evolução, uma valorização e um enriquecimento das particularidades de cada lugar.

Não há uma resposta global, uma receita genérica possível, ditadas pelo Estado ou por outro ator onipotente. A constatação de uma necessidade e de uma tomada em mãos da vida urbana pela população não pode mais ser integrada *a posteriori* num projeto.

Constatação em escala local:

A onipresença de uma força participativa na origem da identidade dos lugares

O princípio participativo vem de uma vontade, na qualidade de cidadão, de ser ator de um processo comunitário em escala local. Ele pode ser expresso em vários campos — econômicos, sociais, culturais ou políticos —, e também como contestação de um modelo estabelecido representando uma maioria. A participação funda sua legitimidade num impulso individual de reconquista do laço social por meio de um projeto concreto.

Mas como essa forma de expressão, na medida em que modifica as maneiras de fazer, altera a morfologia em grande escala?

1. Os diferentes modos de expressão participativa

Todas as visitas foram marcadas pela importância do que pode representar a participação na melhoria da vida cotidiana de uma comunidade. Os pungentes testemunhos de cada um foram oportunos para valorizar o engajamento obstinado a uma causa que só tem retorno em longo prazo. É uma verdadeira força de vontade que perturba a ordem tradicional e que é importante destacar neste capítulo.

Para um modo de habitat alternativo:

- Em Cidade Tiradentes, o mutirão Paulo Freire (ilustr. 12-13) é uma associação que está na origem do Movimento dos Sem-Terra no Brasil, que se constituiu para reclamar, de um lado, uma moradia; e de outro, impor um modo de organização dentro do qual eles poderiam ter todo o poder de decisão; o projeto foi financiado pela Cohab (Companhia Metropolitana de Habitação), geralmente habituada a construir os "Cingapuras", e estudado por uma associação, a "Usina" (arquitetos, urbanistas, sociólogos, geógrafos, etc.).

- Em 2011, dez anos após o início do projeto, os habitantes instalaram-se numa residência com sua cara, muito diferente das outras, abertas no centro por um pátio/jardim que integra o desnível importante do terreno e brinca com as passarelas que servem os cem apartamentos. Os corredores transformam-se em varandas para permitir aos habitantes (duas famílias por varanda) aproveitar esse espaço calmo e ajardinado em contraste com a rua. Os habitantes adaptam seus apartamentos, de 65 metros quadrados para todos, em função das necessidades familiares.

- Na rua Sólon, próxima ao bairro da Luz, um imóvel em construção abandonado, destinado à indústria têxtil, foi invadido (ilustr. 23-30). As famílias tiveram a sorte de, por um lado, herdar o direito de propriedade e, por outro, encontrar a professora da Faculdade de Arquitetura e Urbanismo da USP, Maria Ruth Amaral de Sampaio, que quis constituir um laço entre a participação dos habitantes e a intervenção dos professores e alunos universitários. Esse laço visava encontrar soluções de reabilitação — reforço estrutural, adequação às normas elétricas e sanitárias, reforma da fachada, melhoria do conforto nos apartamentos — a fim de perenizar e transformar a imagem dessa invasão num verdadeiro imóvel de moradia social, que encontra seu lugar e sua legitimidade nessa rua e nesse bairro, que se tornam cada vez mais valorizados. Nesse caso muito particular, não estando mais o aspecto jurídico em questão, a participação tinha dois aspectos: num deles, a professora, verdadeira locomotiva, punha em contato os diferentes atores e buscava os financiamentos privados ou beneficentes (vizinhança, bancos, fornecedores e empresas privadas); no outro, os próprios moradores se puseram a construir seu meio ambiente, contribuindo principalmente com a mão de obra.

Nos dois casos, os habitantes veem o resultado de um trabalho comum para a melhoria das condições de vida de cada família, tomadas individualmente.

Num dos dois casos, o mediador é claramente identificado e expressa a setorização das tarefas e a intervenção específica de cada ator. No outro, a primazia é do coletivo e fica difícil compreender a organização e a divisão interna das diferentes tarefas — ou talvez elas tenham sido todas feitas coletivamente. Nos dois casos manifesta-se um forte sentimento de pertença e de orgulho do sucesso de seus projetos que se concretizaram.

No caso em que a participação toma uma forma contestatória antes de se tornar projeto, o que é representada é a necessidade de fazer ouvir um ponto de vista que até então ficara de lado. É o caso dos movimentos dos sem-teto apresentados por ocasião da projeção do filme *Dia de festa*, realizado pelo coletivo COLOCO em 2005: como pano de fundo, mas pouco desenvolvida, está a contestação popular, que forçou a adaptação do projeto da Nova Luz. Frequentemente, essa forma de participação surge antes de um projeto.

Num outro registro, a participação no laço social que, por ocasião das visitas efetuadas, não se mostrou necessariamente uma iniciativa popular:

- Os Centros de Educação Unificados (CEU), cujos equipamentos são construídos em rede e onde os habitantes de Cidade Tiradentes podem exercer todos os tipos de atividades culturais e de lazer (ilustr. 8-11). Para cada equipamento, encontramos espaços esportivos e de jogos, uma biblioteca, salas para acolher escolas maternais e primárias, um teatro. A existência desses CEUs não vem de uma iniciativa participativa, mas pública. Em contrapartida, seu sucesso decorre do investimento dos habitantes e organizadores (voluntários?) para fazer viver esse lugar todos os dias e difundir a informação por meio de uma constante renovação dos acontecimentos. Esse lugar de trocas, liberado do aspecto econômico, permite aos cidadãos uma expressão livre — é a ágora da cidade.

- O Instituto Acaia é um investimento privado (uma família) que na sequência organizou-se como ONG (ilustr. 44). Implantado no bairro do Ceasa, o maior mercado de frutas e legumes da América do Sul, perto da Favela da Linha, esse lugar é destinado especificamente aos habitantes das favelas. Trata-se de promover o *savoir-faire* de cada um por meio de formações diversas, tais como costura, bordado, marcenaria, encadernação, grafismo, etc. Essas formações devem permitir o desenvolvimento e a valorização dos conhecimentos para uma melhor inserção no mundo do trabalho. Essa obra, mais caritativa que participativa, oferece, apesar de tudo, um lugar de expressão e de abertura que falta cruelmente para os habitantes das favelas. De fato, essa parte da população brasileira provinda do habitat "informal" não é reconhecida como legítima, contrariamente aos habitantes de Cidade Tiradentes, e não pode, portanto, reivindicar um pertencimento a um movimento cidadão. Nesse instituto, ela recupera tal estatuto e participa do esforço e do progresso de um grupo. Esse lugar vive todos os dias. Ele é um refúgio que não intervém diretamente no entorno urbano, mas o faz no laço em longo prazo, que é criado entre a valorização pelo trabalho e o comportamento social.

Esses dois exemplos ilustram verdadeiras aberturas para outros horizontes que não os das necessidades primárias de morar, abastecer, se deslocar, trabalhar. É precisamente essa janela de trocas em torno da cultura e do lazer que é capaz de oferecer uma dinâmica não conflituosa e positiva do viver junto. É esse laço social que dá um sentido e uma identidade à cidade.

2. Os oásis urbanos onde domina o sentimento de pausa e de bem-estar

- A característica comum a todos esses lugares é um sentimento de bem-estar, de valorização do espaço comum, que marca sistematicamente um contraste com as cercanias. São oásis recortados da cidade, que têm sua própria autonomia e seus códigos. Em sua maioria, são espaços de pausa em que reina certa harmonia, há valorização das entradas e generosidade dos volumes, além de proteção contra os perigos exteriores. Eles intervêm a favor da cidade, em seu aspecto democrático, mas não interagem fisicamente com ela.

Por que essa democracia urbana permanece entrincheirada e não consegue se difundir na escala da cidade?

As diferentes intervenções: A abertura para os possíveis

Cada visita deu lugar a uma série de debates que permitiram ampliar a primeira impressão "no calor da hora", passando do forte entusiasmo (por exemplo, o CEU) ao maior desespero diante de situações inextricáveis (os Cingapuras, as favelas).

Este capítulo é um resumo e a interpretação que fazemos no sentido de ressaltar o que nos parecem ser maneiras positivas de considerar a cidade.

1. Uma cidade em longo prazo: as redes, as conexões, o tecido, uma perenidade sem imagem

A perícia aguda de Philippe Panerai, assim como o saber técnico, político e a sensibilidade de Rose May Guignard[2], convergiram para a definição do que é o longo prazo de uma cidade.

Na noção de longo prazo, é mais importante pensar os quadros prévios que canalizam e permitem uma evolução espontânea.

Guignard toma o exemplo do Haiti para revelar que o ponto de partida da cidade é garantir um espaço, lugar que protege os habitantes dos perigos que dizem respeito à saúde: saneamento, redes, esgotos. Essas instalações prévias, que estão presentes sem que possamos nos dar conta, só adquirem valor quando faltam.

Panerai acentua a noção de tecido urbano. Essa noção, da qual os urbanistas tentaram se livrar em certo período é, apesar de tudo, o "que permite às diferentes coisas se manterem juntas". Ele mostra, por meio de algumas ilustrações da evolução de um mesmo lugar, a persistência no tempo do recorte imobiliário.

O longo prazo não é então uma imagem, mas uma instalação prévia que, mesmo que não seja vista diretamente, abre possibilidades de evolução e de apropriações diversas (pequenas escalas) num quadro mais global.

Colocar-se a questão essencial de partida toma outro eco quando intervém a noção de urgência (reconstrução de Porto Príncipe, por

2 Urbanista haitiana, também integrou o seminário.

exemplo, ou outra reforma segundo um prazo preciso), na qual o resultado visível toma a dianteira sobre uma reflexão aprofundada que se olha sem se ver.

Apesar disso, é essa malhagem[3], essa construção "no vazio", segundo Olivier Mongin, que determina uma evolução sadia do ecossistema da cidade (os habitantes e suas trocas).

2. Dar sentido à cidade: recriar uma linguagem

Olivier Mongin, por ocasião do debate de encerramento do seminário, retorna à definição da *Polis* grega, a de "fazer ficar junto aquilo que é diferente". Esse aglutinante é a linguagem comum. Essa linguagem comum dá o "sentido" e se abre a múltiplas expressões. Essa linguagem oferece um quadro para habitar conjuntamente de modo global, sem negligenciar as especificidades locais. A cidade se vê de maneira local ou numa sucessão de experiências locais, mas se pensa em sua globalidade.

Essas regras comuns são valores urbanos que os cidadãos tanto buscam encontrar por meio de seus investimentos solidários. Assim, habitamos a cidade não somente na moradia, qualquer que seja ela, mas também na rua, pelo viés dos equipamentos, dos espaços públicos, das conexões, dos comércios.

Resta saber como estabelecer essa linguagem.

Como "oferecer uma cidadania e dar condições suficientes para que seja exercida?"

Como afirma Panerai: a velocidade desenfreada dos desenvolvimentos urbanos não mais permite pensar a cidade afastando continuamente o indesejável para o exterior.

3. Integração de todos os atores da cidade

Para que isso ocorra, é preciso observar e compreender a cidade de modo objetivo. É o trabalho científico de Michel Lussault: "tornar

3 Em francês, *maillage*, que, numa de suas acepções, tem o sentido de estruturação em redes (inclusive a de pesca). [N.T.]

inteligíveis as realidades empíricas", afastando-se da crença de que o urbanismo social é diretamente influenciado pela configuração formal.

Dado que a cidade é a interação espacial dos atores sociais, Michel Lussault explica que atualmente se trata de um "urbanismo da coabitação", aposta maior do urbanismo sustentável: promover uma justiça espacial e dar atenção às diversas vulnerabilidades.

A dificuldade recorrente é a transição entre escala local e escala global. Como "encontrar relações entre coisas que não têm as mesmas lógicas, nem as mesmas escalas?" Como efetuar aquilo que Lussault chama de "agregação sem ajuste"?

O objetivo do seminário: como fazer e praticar a cidade.

Na qualidade de arquiteto, como dar sequência a essa troca.

Depois de ter observado as diferentes realidades, analisado os diferentes contextos, descoberto novas práticas e constatado as problemáticas recorrentes, depois de termos enriquecido com as diferentes intervenções, fontes de abertura sobre as maneiras de abordar e de compreender a cidade, e na qualidade de arquitetos praticantes, levados ao desejo de experimentar concretamente: a partir de agora, como proceder (questão global) para que um retorno possa ser feito na escala dos habitantes, conhecendo a velocidade com a qual as cidades se transformam radicalmente? Isso nos leva à questão primeira do seminário.

Essa primeira etapa da troca França-América Latina, bem completa de um ponto de vista analítico, não nos permite, arquitetos que somos, fechar estas páginas sem que nos coloquemos a questão de nossa implicação nesse processo e nossa responsabilidade, seja em acompanhar, seja em propor.

1. Constatação sobre as transformações dos grandes projetos das cidades brasileiras

Depois desses quatro dias, observamos rapidamente outras duas cidades do Brasil: Rio de Janeiro e Belo Horizonte. Os mesmos projetos de renovação se encontram no âmago das preocupações: Porto Maravilha para um, Nova BH para o outro. Em torno desses acontecimentos, as mesmas problemáticas:

- constatação de reais necessidades de requalificação das cidades;
- o aumento das municipalidades a entrarem nos projetos de renovação "durável";
- a questão quanto à transparência da elaboração dos projetos;
- implementação de uma proposição-chave em mãos, sem aparente participação dos atores da cidade;
- difusão maciça de imagens de bairros transfigurados pela demolição e reconstrução, além da valorização do espaço público pedestre muito similar de uma cidade a outra;
- valorizar os terrenos por meio de proposições formais, sem integrar ou mesmo abordar as realidades sociais específicas das cidades brasileiras.

Os profissionais (arquitetos, urbanistas) e habitantes que então encontramos se sentem despossuídos de sua força de ação e estigmatizam as ações políticas desses grandes projetos.
Por outro lado, pudemos ser recebidos pelo serviço de urbanismo de Belo Horizonte e constatamos um real interesse concernindo as alternativas expostas ao fazer um breve resumo do seminário. Atualmente, o projeto da Nova BH tomou a mesma direção que o projeto da Nova Luz. Ele foi por ora abandonado na sequência de uma série de manifestações populares.
Essa outra constatação leva a um atraso sobre a emergência em paralelo de uma nova governança, ainda embrionária, e à qual não damos a importância que ela merece.

2. Como ser ator dessa transformação

Na qualidade de arquitetos praticantes na França, estamos habituados a propor projetos que seguem uma decisão política inspirada por resoluções que têm "interesse geral".
Esses quatro dias demonstraram (e os projetos de Frédéric Druot

são um bom exemplo disso) que a ecologia urbana é um investimento de todos (atores, peritos, cientistas, investidores) para sair dos quadros pré-estabelecidos e formar um "coletivo orquestrador" que poderia tornar "compatíveis os objetivos dissonantes" (Michel Lussault), tais como os observados nos grandes projetos de cidade.

3. Pelo estudo de uma ecologia urbana concreta

Esses poucos dias constituíram um tempo privilegiado para o estabelecimento de um balanço das realidades urbanas, sem *a priori*, nem julgamentos. Na sequência dessa constatação, os olhares cruzados dos participantes de todos os horizontes (realidade brasileira, colombiana, haitiana e francesa) permitiram recolocar em perspectiva as expectativas desse acontecimento: como renovar os pensamentos urbanos e como podemos contribuir para que passem do estatuto teórico para o estatuto de realidade urbana.

Esse encontro França-América Latina representa o primeiro marco de uma rede de trocas em diversas cidades da América Latina, testemunhas exacerbadas das problemáticas urbanas atuais.

A ambição deste trabalho de fundo iniciado pelo Institut français é fazer emergir de maneira internacional as visões não dogmáticas, atualmente ainda por demais alternativas.

Os próximos encontros abordarão a transposição de metodologias em campo a fim de que as diferentes realidades locais possam acordar-se à evolução necessária das cidades em escala global (ou mesmo internacional).

A chave desta pesquisa é preservar o liame frágil dos diversos parceiros do trabalho de orquestração, preservando a abertura necessária para que as partes interessadas dos diferentes países possam identificar-se com esse procedimento.

Enfim, essa troca permitiu observar que uma nova urbanidade está de fato ocorrendo entre os cidadãos, apesar dos objetivos que, por vezes, parecem contraditórios. É tempo, então, de pôr em prática essa interseção dos *savoir-faire* com a finalidade de desentocar solidariedades e investimentos políticos de seus códigos segmentados atuais para permitir que se expressem em favor de uma cidade com sólidos fundamentos, em movimento e, sobretudo, habitada por todos.

Cidade Tiradentes, direito à cidade ou prisão?

Francesco Orsini*

Os processos de urbanização acelerada, que têm caracterizado o crescimento das cidades na América Latina desde a metade do século passado, impuseram enormes desafios e uma incessante pressão sobre as instituições públicas desses países. A incapacidade de atender à grande demanda por habitação e serviços públicos com uma oferta aceitável em termos quantitativos e qualitativos tem sido, historicamente, a principal causa da formação de assentamentos informais.

Do ponto de vista da população carente, esses assentamentos, criados por meio de processos de autogestão, se tornaram a única maneira de garantir um lugar onde viver na cidade. Assim, desde os anos 1950, o surgimento dos assentamentos informais vem crescendo, criando áreas geralmente caracterizadas por superlotação, habitações degradadas e entorno precário, baixa cobertura de serviços e ilegalidade da posse; e habitada por comunidades em condições de alta vulnerabilidade, com claras consequências em relação à equidade e exclusão social.

Para tentar solucionar essa situação, políticas públicas direcionadas à busca de soluções para o problema da habitação e o aumento da informalidade têm sido incentivadas. Entre as alternativas propostas, grande ênfase tem sido dada à produção em massa de residências de interesse social, como se pode ver pela presença de megaprojetos de habitação, recentes e menos recentes, na periferia de nossas cidades.

É o caso, em São Paulo, de Cidade Tiradentes.

Esse conjunto, que tivemos a oportunidade de visitar durante o

* **Francesco Orsini:** Urbanista, consultor-chefe em Urban Eafit Medellín, Colômbia.

encontro *Insustentável Arquitetura*, evento paralelo da X Bienal de Arquitetura de São Paulo, está situado no extremo leste da periferia de uma das maiores cidades da América Latina e tem concentrado, há anos, grande parte da produção de moradias de interesse social da capital paulista.

Para chegar ao bairro, tivemos que percorrer, saindo do centro da cidade, um trajeto de quase três horas, ainda que não fosse um horário de trânsito intenso. Nesse sentido, a primeira reflexão é sobre os longos trajetos diários que seus habitantes precisam realizar para chegar aos respectivos locais de trabalho, de estudo, etc., localizados próximos ao centro da cidade.

Uma vez no local, não há nenhuma evidência de estarmos em uma região urbana do Brasil. A combinação de prédios de altura mediana e de diferentes cores é a mesma que podemos encontrar nas periferias da Cidade do México, de Bogotá e de Caracas. E aqui está um dos problemas estruturais na oferta de habitação de interesse social no continente: a economia de escala e a necessidade de "racionalizar" os custos de produção levam o Estado a propor soluções que nada têm a ver com a identidade cultural das pessoas e dos lugares. Quais benefícios que nos dão essas soluções quando comparadas às moradias progressivas das favelas, além, é claro, da formalidade do processo?

Talvez o que mais salte à vista, percorrendo o bairro, é a falta de uma ideia de cidade. A cidade é, por natureza, uma sequência pensada de locais públicos e privados, cheios e vazios, que produz diferentes experiências, de acordo com os espaços e atividades que são ali gerados. Ao contrário, Cidade Tiradentes parece ter sido feita (literalmente) por um sem número de edifícios que despencaram aleatoriamente do céu: a fundação de cada edifício ajusta sua planta baixa ao terreno, garantindo equilíbrio e estabilidade, e isso é tudo (ilustr. 2-22).

Ao acoplar-se ao terreno, cada grupo de edifícios termina, além disso, isolado da via pública por elevados muros de concreto cobertos com cerca de arame farpado, para garantir, teoricamente, total segurança. No entanto, ao olhar de fora para dentro, a impressão que se tem é que, em vez de locais seguros, temos prisões de alta segurança. Por sua vez, o resultado na via é uma sensação de insegurança e isolamento, que gera medo e desconfiança pela ausência de permeabilidade visual e atividades de rua, *conditio sine qua non* para garantir atividade urbana e intercâmbio social.

É esse, realmente, o direito à cidade, ou se trata na verdade de uma prisão para os seus moradores? É realmente mais seguro e digno esse tipo de solução, quando comparado a um bairro de planejamento informal? Este último, geralmente desenvolvido sem cercas ou muros, onde a diversidade tipológica fruto da espontaneidade prevalece, e onde a rua é o centro das atividades e dos encontros, está mais próximo do conceito e da experiência da cidade ao permitir uma maior integração entre as esferas pública e privada de espaço, apesar das evidentes limitações estruturais que caracterizam sua formação.

Ao conversar com as pessoas da região, durante uma troca de ideias realizada no período da tarde, nossas sensações se confirmaram. É a própria comunidade que manifesta sua preocupação por viver em um *bairro-dormitório*, de onde muitas vezes se sai não só para o trabalho, mas também para passar o tempo livre, participar de um evento cultural, ou simplesmente passear por ruas com vida, e em um ambiente mais parecido com o imaginário de cidade que possuem.

A realidade é que o que fora inicialmente planejado como uma solução urbana, formal e digna para o problema da ilegalidade e informalidade dos bairros periféricos, sejam eles favelas, *comunas*, *barrios miseria*, etc., produziu na América Latina uma série infinita de periferias sem identidade, sem história e com um futuro incerto, ao não ter levado em conta os princípios básicos de vivência urbana. Criar uma cidade e garantir o direito de apreciá-la é muito diferente de simplesmente produzir milhões de pequenas caixas multicoloridas para responder a algumas metas impostas para resolver um histórico déficit quantitativo.

Apesar da situação, e devido às lógicas do mercado, em todo o mundo se continua a produzir réplicas de projetos de periferia como o de Cidade Tiradentes — que, de maneira quase irônica, empresta seu nome da atraente cidade histórica conhecida como reduto tradicional da arte barroca no Brasil, evocando condições de vida muito distantes da realidade do lugar.

Felizmente, cada vez mais estamos nos dando conta de que, de fato, parte da solução está no "problema" em si, como também advertia havia trinta anos o arquiteto John Turner, e como hoje, entre outros autores, nos lembram Doug Saunders e Mike Davis em seus recentes trabalhos, resgatando com argumentos e exemplos concretos o valor da cidade informal no contexto e no equilíbrio da urbe contemporânea.

Assim, a cidade *emergente* (para usar um termo menos pejorativo) está sendo cada vez mais alvo de intervenções físicas e sociais, na tentativa de facilitar sua progressiva consolidação e integração à cidade formal, como aconteceu no caso do Favela-Bairro, no Rio de Janeiro, Brasil, e do Urbanismo Social em Medellín, Colômbia. A diversidade, a complexidade, a heterogeneidade física e cultural, assim como a animação de suas ruas e o sentido de pertencimento gerado ao lugar por seus próprios moradores são a melhor garantia de que lá, escondido sob a precariedade e a pobreza, se encontra uma cidade.

De uma habitação coletiva encortiçada a um edifício residencial — Reforço de estrutura

Maria Ruth Amaral de Sampaio*

Percorrendo o Bom Retiro à procura de um prédio encortiçado, há dez anos, deparei-me com uma construção inacabada, de oito andares, tijolos à vista, sem elevador, que chamava atenção pelo aspecto decadente, onde o lixo se acumulava na entrada, e tudo indicava que era densamente habitada. Conversando com uma moradora que estava na porta, perguntei-lhe se seria possível realizar entrevistas com os moradores, pois me interessava conhecê-los, assim como a forma como eles viviam nesse imóvel que, apesar de bem situado, distinguia-se dos demais. Ela respondeu-me que nem precisava perguntar, pois eles não se incomodavam e até poderiam gostar. Mais tarde descobri que essa senhora, hoje falecida, mãe de três filhas, era uma das lideranças do prédio.

Um dos vizinhos do edifício era o banco Itaú, que mantinha nesse lugar uma quadra esportiva coberta para uso de seus funcionários. E, justamente nessa época, poucas semanas depois de eu ter iniciado a pesquisa com os moradores e levantado os espaços onde eles viviam com o auxílio dos alunos da disciplina optativa da FAU-USP, sob minha responsabilidade, Habitação Popular Paulistana, a prefeitura entregou no prédio uma ação do Itaú que solicitava a desocupação do imóvel, alegando que os moradores jogavam lixo e outros objetos pela janela, pondo em risco a segurança dos transeuntes. Essa ação da prefeitura

---

* **Maria Ruth Amaral de Sampaio:** Autora e professora na Faculdade de Arquitetura e Urbanismo da Universidade de São Paulo (FAU-USP). Publicou, entre outros, *São Paulo, os estrangeiros e a construção da cidade* [Alameda, 2011].

obviamente pegou os moradores de surpresa, e decidi intermediar a negociação que se iniciou, conversando com os funcionários, fornecendo a eles dados sobre os moradores e seus empregos no bairro. Mostrei a eles que não se tratava de desocupados, mas que a maioria das famílias vinha do Nordeste, trabalhava no bairro para sobreviver, e as inúmeras crianças do prédio frequentavam escola gratuita no mesmo bairro. Essas justificativas convenceram os técnicos da prefeitura a quem entreguei os dados do imóvel, as plantas dos andares e o que mais os interessava: o cadastro dos moradores.

Nessa época em que teve inicio minha atividade no prédio, a densidade de ocupação era tamanha que havia famílias morando no buraco do elevador, inexistente. Mostrei que até seria oportuno haver um desadensamento, pois o imóvel não comportava tanta gente. A prefeitura acatou a sugestão, e ofereceu uma quantia para quem desejasse deixar o imóvel e voltar para seu estado de origem. Trinta moradores e suas famílias aceitaram a oferta, restando no imóvel 42 famílias, o que facilitou o remanejamento e a reorganização da população, que, a partir daí, começou a colaborar e a se interessar pelas melhorias que começamos a introduzir no imóvel.

Nessa época, o Instituto de Pesquisas Tecnológicas (IPT), consultado sobre um problema na cobertura do prédio, sugeriu que se demolisse a metade do oitavo andar, o que foi realizado com a participação dos moradores, sendo construído um telhado.

Um dos principais problemas enfrentados nesse período era a rede elétrica, feita por eles mesmos, que com frequência dava origem a pequenos incêndios, que poderiam colocar em risco a segurança da população. Iniciamos então a implantação de uma nova rede elétrica, e, com o auxilio do IPT, foi oferecido paralelamente aos moradores um curso de formação de brigada de incêndio, e doados extintores para cada andar. Cumpre ressaltar que essa atividade conjunta foi fundamental para uni-los visando a melhoria das condições de vida no prédio, tendo surgido daí a ideia de dar um nome ao prédio: edifício União. O curso terminou com entrega de diploma, e depois disso eles mesmos sentiram os benefícios que a união tinha trazido.

O aspecto inacabado e decadente do prédio os incomodava e eles chegaram a se queixar que nas paradas dos ônibus os moradores da vizinhança se afastavam deles. A reforma de um grande galpão decadente em frente ao prédio, que passou a abrigar uma fábrica de roupas esportivas, Quiksilver, fez com que eles passassem a sonhar com a possibilidade de uma reforma. Aproveitando-me do clima favorável, junto com uma liderança atravessamos a rua e fomos solicitar auxílio do proprietário da indústria, que se propôs a nos ajudar a refazer a fachada, desde que a mão de obra fosse constituída pelos moradores.

Tanto a pintura da fachada como as novas janelas de alumínio foram obtidas por meio de doações de firmas especializadas. Essa conquista foi fundamental não só para uni-los, como também para mudar o conceito que os vizinhos tinham deles.

A partir daí, eles passaram a desejar outras melhorias, como portão de ferro e a instalação do nome do prédio em letras prateadas, com a escolha de Edifício União. Começaram também a melhorar internamente suas moradias e a realizar mutirões de limpeza das áreas comuns.

No decorrer desse período, começamos a perceber que as colunas de sustentação do edifício, principalmente na garagem, apresentavam aspecto preocupante, com ferros à mostra apresentando sinais de ferrugem, o que muito nos preocupou. Em busca de uma solução para o problema, consultamos o professor Paulo Helene, titular de reforço de estrutura da Escola Politécnica, que se dispôs a nos auxiliar. Durante o ano de 2012, em todos os sábados e domingos, um casal de jovens engenheiros do escritório PHD ensinou os moradores a reforçar os pilares, a princípio na garagem e depois no térreo. Obtivemos gratuitamente da indústria Gerdau os ferros necessários ao reforço. Essa atividade conjunta envolveu muito os moradores, pois o trabalho era entremeado de prosas, risadas e brincadeiras e, em cada final de semana, uma família fazia o almoço destinado aos trabalhadores. As inúmeras crianças do prédio não tinham permissão para entrar na garagem, onde os trabalhos de reforço tiveram início, mas sempre alguma delas aparecia para trazer recado ou procurar alguma coisa, o que quebrava a rotina e alegrava o ambiente.

O edifício contava, e ainda conta, com um fundo comum, resultante de um prêmio de 100 mil dólares, recebido no evento Deutsche Bank Urban Age Award, ocorrido em 2008. Essa quantia foi aplicada em conta, em nome da Associação de Moradores, para ser utilizada em atividades para as quais não se conseguisse nenhum patrocínio — o que não ocorreu até agora.

No momento, por recomendação do professor Paulo Helene, estamos dando início às providências necessárias para a demolição do que restou do oitavo andar, obtendo licença junto à prefeitura de São Paulo para que isso ocorra. Uma vez terminada essa etapa, iremos instalar uma caixa d'água que permitiria aos moradores dos últimos andares não sofrerem de escassez de água nos horários de pico.

No decorrer do período em que o prédio passou por essas modificações, o bairro do Bom Retiro foi alvo de transformações. Os coreanos, atuais ocupantes das principais lojas, modernizaram e até sofisticaram o comércio, as velhas edificações passaram por reformas e o bairro se valorizou.

Nesse processo, o edifício União também não quis ficar para trás, e até internamente são poucos os apartamentos que não sofreram reformas. A própria rua Sólon, hoje, não é mais a mesma, numerosas habitações deterioradas foram reformadas ou até demolidas, o processo de verticalização toma gradativamente conta da rua e o bairro apresenta uma nova feição. Os moradores do prédio, por sua vez, já têm planos imediatos de refazer a rampa de acesso da entrada, para evitar as águas.

A coabitação, no coração do urbano sustentável

Michel Lussault*

É preciso oferecer um lugar central aos conceitos de habitat e de habitar, se quisermos tornar inteligíveis as dinâmicas urbanas contemporâneas, seu papel na mundialização, e se desejarmos por consequência refletir para a elaboração de outra concepção de política urbana visando a sustentabilidade, que deveremos centrar nas práticas dos indivíduos.

No século XIX, a palavra habitat designava, em sua acepção mais geral, o conjunto das condições necessárias ao desenvolvimento da vida de uma espécie animal ou vegetal determinada. A geografia universitária clássica, constituída no final daquele século, utilizou-a como o termo preferencial para a descrição do "meio" propício à vida das coletividades humanas e, paralelamente, das disposições espaciais do povoamento humano. Deste segundo sentido derivou uma significação restrita, frequentemente usada — de maneira equivocada —, pela qual o habitat denota somente as características da moradia, suas dependências e acessos — *cf.* as noções usuais de habitat rural e de habitat urbano.

Ora, o conceito de habitat deve preferencialmente ser entendido de um modo que reencontre a ideia primeva, aquela de uma apreensão global do modo de ocupação do espaço pelos indivíduos e pelos grupos, sempre considerando imperativamente tudo o que as ciências do homem e da sociedade doravante fornecem à nossa compreensão sobre o funcionamento social. E isso com a finalidade de não "naturalizar" o habitat e o habitar, o que é uma imperfeição corrente: certamente o homem

---

* **Michel Lussault:** Geógrafo, publicou, entre outros, *L'Avènement du Monde. Essai sur l'habitation humaine de la terre* [O advento do mundo — Ensaio sobre a habitação humana da terra, Seuil, 2013]. Também presidente do Conseil supérieur des programmes desde setembro de 2014.

é um animal, porém um animal político e cultural, e seu habitat não é redutível a um "território" etológico.

Entretanto, no conjunto, os usos ordinários remetem ainda a uma concepção por demais residencial do habitat. Este, desde então, é pensado como o espaço em que um indivíduo ou grupo é instalado para nele permanecer — e habitar passa a significar simplesmente "ter seu domicílio em algum lugar, residir". Apesar disso, a questão da moradia não esgota aquela do habitat. Aquela é menor que esta, de algum modo, é uma unidade residencial que autoriza a ação de habitat — a *habitação*. Se por um lado em geral se considera, a justo título, que o habitat dos humanos é fundado na residência, ponto de sedentarização, desdobra-se a partir dela e é por ela "informado", por outro há habitats sem "alojamentos" fixos — é o caso, por exemplo, dos sem-teto ou dos nômades.

Seguramente é importante oferecer um lugar considerável à residência, mas não se deve reduzir toda a análise a ela, pois o habitat é um objeto proteiforme e complexo. O entorno espacial (material e ideal, dado que o habitat é uma realidade que excede a materialidade) socialmente construído da existência humana — é geralmente centrado sobre o alojamento. O habitat não é um simples contêiner (da vida social), um suporte funcional estático da prática — maneira de assinalar a que ponto os pensamentos tecnicistas e funcionalistas do habitat, aqueles do urbanismo moderno em primeiro lugar, se equivocaram. O habitat oferece referência para as práticas que ele acolhe e que o instalam.

Apesar do exame da disposição "física" e dos aspectos formais das unidades residenciais em dada área, assim como aquele das relações entre os diferentes espaços de habitação continuarem a ser úteis, isso não pode bastar. Essa postura deixaria então de lembrar a existência de poderosas ideologias espaciais ligadas ao habitat e ao mesmo tempo de colocar no centro do dispositivo o ator principal: o habitante e seu "habitar".

Este último termo é essencial para a compreensão do habitat, e reciprocamente. Ele designa, a meu ver, a *espacialidade típica dos atores individuais*. Ele caracteriza-se por uma forte interatividade entre estes e o espaço em que evoluem. A noção prioriza o papel do indivíduo, da linguagem, das realidades ideais; contudo, não esqueceremos que nada no espaço e na espacialidade escapa à sociedade e à historicidade, da mesma forma que o habitat jamais será encontrado "fora do solo", "extraterrestre", o que impõe a reflexão sobre o papel que ocupam os elementos biofísicos fundamentais, no caso a água, o ar, a terra, assim como aquele dos artefatos materiais.

Dessa forma, são os atores sociais, graças às "artes de fazer" espaciais, que manifestam, coabitam e instalam, a partir de sua utilização pessoal do recurso espacial, cada um, seu habitat e, coletivamente, seus espaços de vida comuns. É o conjunto dos habitats e as estruturas postas em ação pelos grupos humanos que permitem que esses habitats individuais possam ser duráveis e eficazes — eles precisam dessa base estrutural para se constituir e se manter — e se consolidem em organizações, em lugares, área e redes mescladas e articuladas: em suma, em entorno espacial urbano.

O habitat, assim considerado, desdobra-se da esfera íntima, sensorial e corporal (primeiro nível da espacialidade) para o mundo, considerado como o espaço social de dimensão terrestre. A análise do habitar humano e dos habitats que dele resultam, sempre constituindo condições de possibilidade é, então, pertinente em todas as escalas. Ela permite abrir a dupla questão da relação habitado/habitante e da habitabilidade dos espaços terrestres, que é crucial, dado que se trata de uma interrogação fundamental sobre as modalidades segundo as quais os seres humanos organizam seu *oikoumenê* (espaço habitável da superfície terrestre). É a partir dessa tomada de consciência da coabitação como potência efetiva de instalação das sociedades humanas, e em particular a partir das aspirações dos habitantes, de seus afetos, de suas competências (pois cada indivíduo é seu próprio *organizador-urbanista,* que estabelece, por suas práticas no dia a dia, seu habitat, e contribui assim para a construção permanente do urbano, sendo que nenhum humano é desprovido dessa capacidade comum, ligada ao simples ato de habitar), que é preciso tecer considerações numa reflexão sobre a sustentabilidade. Esta jamais será atingida se desejarmos que proceda de uma tecnologia de engenheiro, de arquiteto ou de urbanista. É importante concebê-la como uma obra coletiva dentro da qual o arquiteto deverá ser, simplesmente, e já é demais, um *metteur en scène* (diretor) criativo das histórias da coabitação a advir que os indivíduos contam, nela projetando suas esperanças de uma habitabilidade melhor.

Ilustração 1. Capa do catálogo da X Bienal de Arquitetura de São Paulo: desenvolvimento econômico baseado no automóvel em contraposição a investimento na habitação – Sustentável?

Ilustração 2. Conjunto Habitacional de Cidade Tiradentes, em São Paulo: moradias precárias e fábrica de blocos

Ilustração 3. Dois registros de Cidade Tiradentes: formas segregadas de urbanização e produção do espaço urbano periférico na cidade

Ilustração 4. Vista de Cidade Tiradentes a partir do CEU Inácio Monteiro

Ilustração 5. Centro de Formação Cultural de Cidade Tiradentes (CFCCT): concepção atrelada à perspectiva de tornar o entorno do lugar mais permeável

Ilustração 6. Vista de Cidade Tiradentes, a partir do interior do CFCCT

Ilustração 7. Vista externa do CFCCT: a partir da visita de participantes da X Bienal, a via pública onde ela se localiza foi batizada com a placa "Rua Nova da Cultura"

Ilustrações 8-9. CEU Inácio Monteiro, em Cidade Tiradentes, São Paulo, nasceu com o objetivo de se tornar um polo de cidadania, para suprir carências e demandas da população local em termos culturais

Ilustrações 10-11. A gama de atividades culturais e de lazer propostas num CEU como o Inácio Monteiro, de Cidade Tiradentes, contribui para desencadear um novo dinamismo social, configurando-se como uma "ágora" da região

Ilustrações 12-13. Conjunto habitacional de Cidade Tiradentes, em São Paulo, resultante do Mutirão Paulo Freire

Ilustrações 14-15. Os "Cingapuras" são característicos da organização de Cidade Tiradentes, em São Paulo. Sua tipologia se repete à medida que surgem os investimentos sociais e continua a alimentar uma cidade fragmentada, dependente do coração de São Paulo

Ilustração 16. A ponte de Cidade Tiradentes, em São Paulo, ilustra o investimento dos habitantes num processo comunitário. Habitar um mesmo bairro não significa morar lado a lado, mas habitar junto, o que se traduz por uma troca e pela constituição de um laço social forte

Tiradentes 2001

Ilustração 17. Esquema Tiradentes 2001: A implantação do projeto do Mutirão Paulo Freire se dá sobre uma colina ainda pouco urbanizada. Isto deixa perceber um forte potencial para a criação de um novo modo de habitar ligado a esse projeto alternativo.

Esquema Tiradentes 2012: Dez anos depois, com a construção do projeto Mutirão Paulo Freire, recentemente finalizado, este se vê cercado por um bairro cheio de moradias do tipo "Cingapura". Somente o CEU pode oferecer a essa colina a atuação de uma centralidade, mas o bairro sofre cruelmente com a falta de variedade e de conexões, e continua a seguir o mesmo esquema de evolução.

Tiradentes 2012

Ilustrações 18-20. Em Cidade Tiradentes, prédios isolados da via pública por grades e/ou muros de concreto: sensação de "prisões de alta segurança"

18

19

20

Ilustrações 21-22. Rua de Cidade Tiradentes: visita de participantes da X Bienal mostrou-se oportuna e reveladora das condições urbanas típicas das metrópoles

23

24

25

Ilustrações 23-26. Instalações precárias do cortiço da rua Sólon, no Bom Retiro, em São Paulo, que se transformaria no Edifício União: exemplo de mobilização coletiva

26

Ilustração 27. Vista externa do então degradado cortiço da rua Sólon

Ilustração 28. Vista frontal do antigo cortiço da rua Sólon, recuperado e rebatizado como Edifício União

Ilustração 29. A entrada revitalizada do antigo cortiço, agora Edifício União

Ilustração 30. Vista interna da cozinha de um dos apartamentos do Edifício União, o antigo cortiço da rua Sólon

Ilustração 31. Vista do centro da cidade de São Paulo a partir do Edifício União

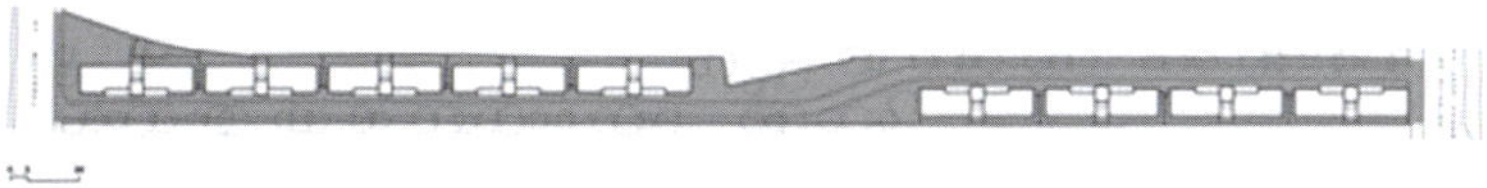

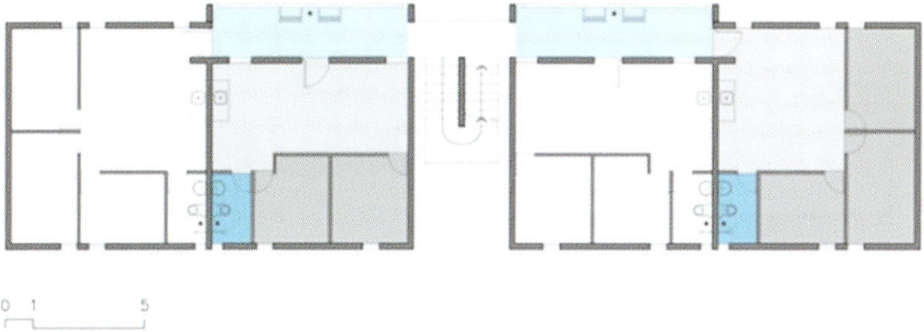

Ilustrações 32-34. Projeto Favela da Linha desenvolvido conforme normatização de HIS_ SP, Base 3 Arquitetos, 2008

Ilustrações 35-38. Projeto Favela da Linha desenvolvido conforme Lei de Vilas, Base 3 Arquitetos, 2009

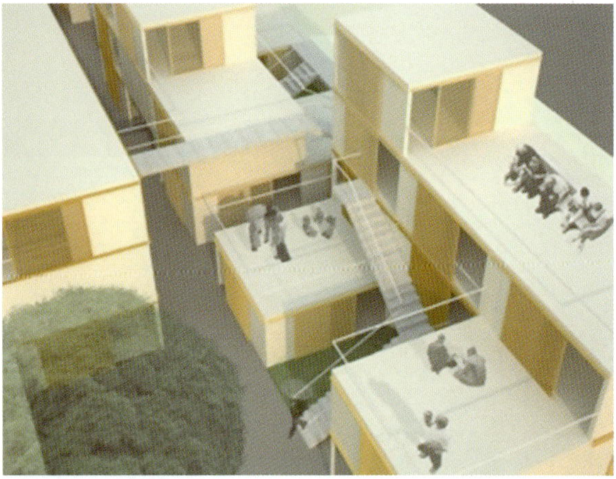

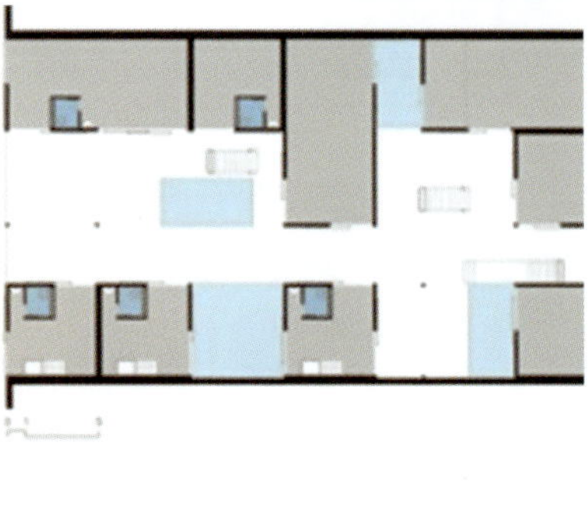

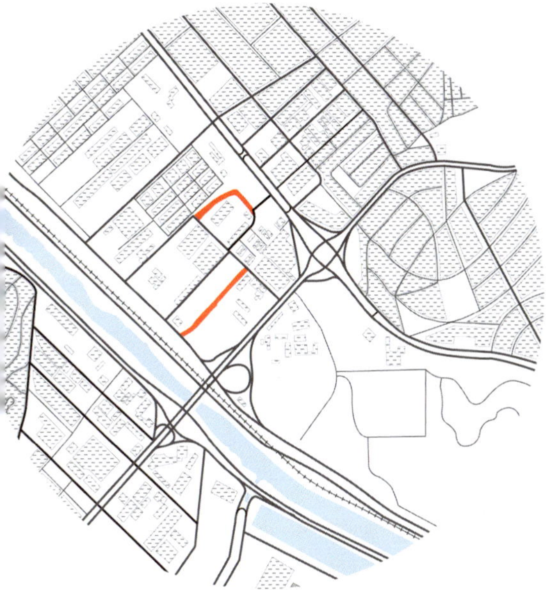

Favela da Linha 2005

Ilustração 39. Esquema Favela da Linha 2005: A favela é uma faixa muito estreita numa zona pouco densa e ocupada por terrenos de estocagem e algumas moradias.

Esquema Favela da Linha 2012: A forte especulação cria uma urbanização "selvagem" feita de condomínios, grandes complexos luxuosos totalmente apartados da rua, e retira qualquer possibilidade de reflexão na escala do bairro.

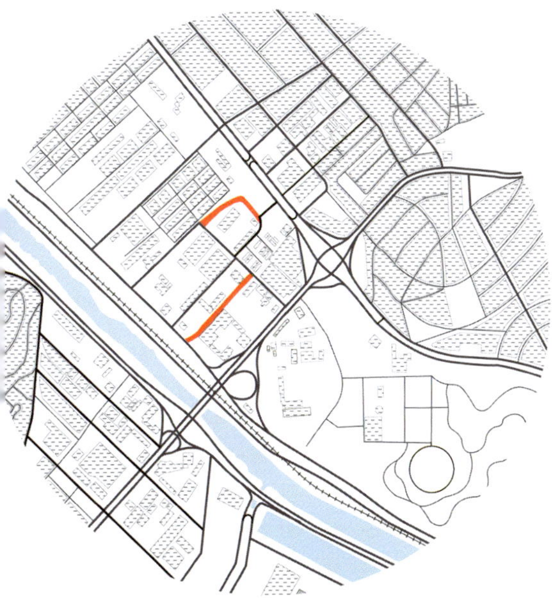

Favela da Linha 2012

Ilustração 40. A Luz, em São Paulo, tem a densidade e a diversidade de um bairro citadino. Contudo, essa densidade é desigual e reforça os contrastes entre o primeiro e o segundo planos, os prédios altos e a cidade baixa. O projeto da Nova Luz asseptiza esses contrastes que são característicos do patrimônio construído

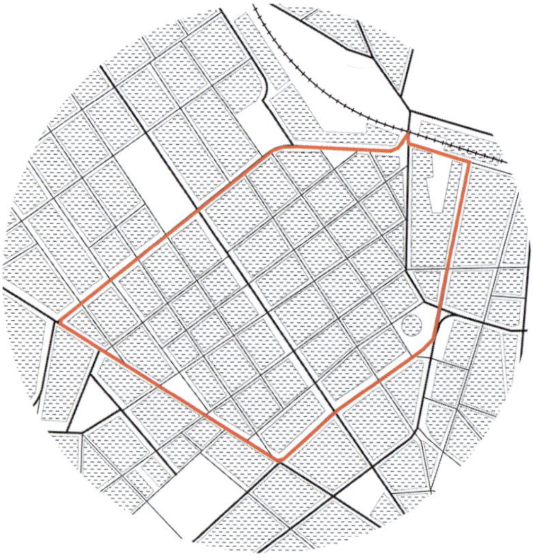

Luz 2012
Nova Luz 2025

Ilustração 41. Esquema Luz 2012: A Luz é um bairro histórico, denso e contrastado, constituído por comércios, moradias e escritórios.

Esquema Nova Luz 2025: O projeto Nova Luz não busca modificar a morfologia dos quarteirões e da malha existente. Ele reconstrói, densifica, "saneia", a fim de atrair uma nova população, sem levar em conta a população já instalada.

Ilustração 42. São Paulo: fechamento, enclausuramento. A rua é abandonada, os muros crescem e alimentam o medo de uma violência urbana permanente. A setorização perdura e participa da criação de microcidades: ao abrigo, voltadas sobre si mesma, quaisquer que sejam as classes sociais

Ilustração 43. Inversamente, esta vista mostra uma diversidade, uma superposição, uma densidade. Essas características que, à primeira vista, alimentam certa violência, são também as que trazem uma verdadeira riqueza à vida urbana

Ilustração 44. Ateliê do Instituto Acaia, em São Paulo: a instituição promove atividades educacionais e assistência jurídica e administrativa para a população da Favela da Linha, situada nas vizinhanças

Ilustração 45. Praça na Favela do Japiaçú, em São Paulo: Prêmio Menção Urban Age 2008, Base 3 Arquitetos e Instituto Acaia

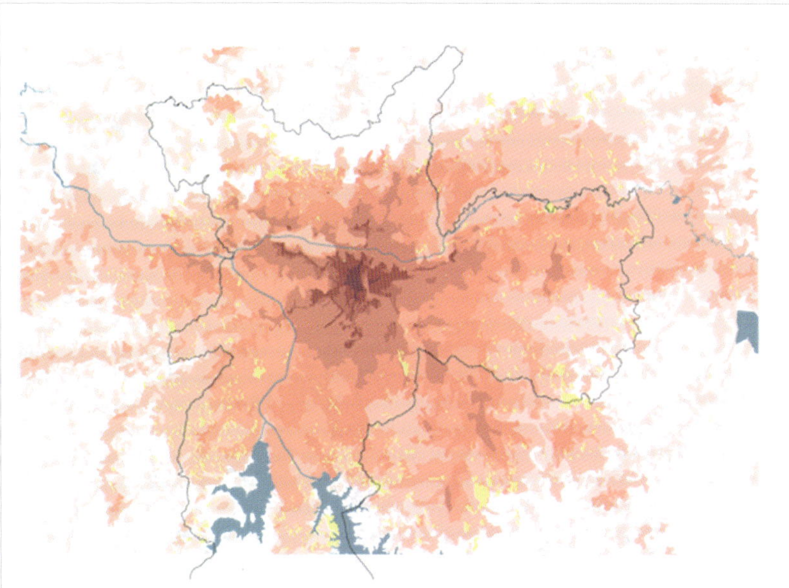

Ilustração 46. Evolução urbana de São Paulo. Fonte: MEYER, Regina Maria Prosperi; GROSTEIN, Marta Dora; BIDERMAN, Ciro. *São Paulo Metrópole*. São Paulo: Edusp/Imprensa Oficial, 2004

Ilustração 47. Habitação de interesse social do programa federal Minha Casa Minha Vida, em Altamira (PA)

Ilustrações 48-49. Projeto de renovação para a Favela da Rocinha, no Rio de Janeiro, idealizado por Fréderic Druot Arquitetura, similar ao que foi feito na Torre Bois-le-Prêtre, em Paris

Ilustrações 50-52. Cidade de Cali, na Colômbia: sem planejamento de fluxo, o município recebeu, entre 2007 e 2012, uma média de três famílias por dia, gerando inchaço de assentamentos populacionais

Ilustrações 53-54. Vista externa e o interior de um dos apartamentos da Torre Bois-le-Prêtre, na periferia de Paris, após o trabalho de renovação: antigo gueto de marginalidade, o prédio acabou salvo da política de demolição do Estado francês

Da civilização urbana à civilização do movimento imóvel

Jean-François Parent*

Na primavera de 2013, o Institut français propôs a certo número de pessoas implicadas na construção da cidade (arquitetos, urbanistas, pesquisadores, filósofos, geógrafos, etc.) que participassem da X Bienal de Arquitetura de São Paulo — tema "Cidade: Modos de fazer, modos de usar" —, na forma de um encontro de cinco dias, *Insustentável Arquitetura*, com outros "profissionais" vindos de cinco países do continente sul-americano, dentro, e a propósito, de três lugares escolhidos em São Paulo.

Proposta original e surpreendente no contexto geral da reflexão urbana globalizada

Seu título *Insustentável Arquitetura* certamente se desejou provocador, ou até mesmo polêmico, mas certamente interrogador em referência crítica às "boas práticas" promovidas pelas instituições internacionais e amplamente retomadas por aqueles que têm "a responsabilidade de boa governança dos territórios", o que não poderia deixar de pôr em perspectiva o objetivo e a organização da X Bienal de Arquitetura de São Paulo, que deveria interrogar as práticas urbanas de todos (tanto habitantes quanto profissionais) diante das importantes mutações em curso.

Proposta que implica a interrogação sobre sua importância em triplo nível

Em primeiro lugar, do ponto de vista cronológico, "Cidade: Modos de fazer, modos de usar", no final de 2013 em São Paulo, não poderia deixar de ecoar com *Fundamentals*, em Veneza no corrente ano (junho-

---

* **Jean-François Parent:** Arquiteto, presidente do Laboratório Internacional para o Habitat Popular (o Laboratoire International pour l'Habitat Populaire, LIHP).

-novembro de 2014), apontando talvez de modo mais direto para aquilo que é fundamental no desenvolvimento urbano. Antes de Veneza, então, mas também antes de Medellín e do FUM 7 (abril de 2014): "Equidade urbana no desenvolvimento: Cidades para viver", que foi o último encontro oficial antes da organização da "Habitat 3", em que a ONU Habitat vai estruturar e enunciar os grandes eixos de trabalho institucional para os próximos vinte anos, condicionando assim a vida de um grande número de seres humanos.

Em segundo lugar, do ponto de vista espacial e histórico: de fato, atualmente, se concordamos que no continente sul-americano os povos tentam construir a (uma) sociedade emancipadora do século XXI, só podemos nos interrogar e tentar compreender como eles buscam inventar a cidade, as cidades de sociedades em devir. Em outros termos, podemos pensar que, neste continente, essas sociedades em evolução interrogam e tentam rejeitar o desenvolvimento urbano dominante, o que implica construir novas práticas e interrogações a partir de novas perspectivas, dado que engajadas.

Enfim, no plano estratégico geral: a necessidade de pensar uma nova problemática do desenvolvimento urbano; traçar perspectivas de experimentações de práticas profissionais e arquiteturais novas, em função de ambições renovadas e inscritas nas preocupações amplas (políticas, humanas, etc.) e ao mesmo tempo mais bem contextualizadas.

Do ponto de vista do Laboratório Internacional para o Habitat Popular, o quadro da X Bienal de Arquitetura de São Paulo permite sublinhar e convida a avaliar o interesse crucial das trocas Europa-América do Sul para a construção dessa problemática geral e quanto às condições a serem reunidas para tornar essas trocas "eficazes".

Propostas de organização significativas, dado que coerentes com as perspectivas a serem abertas

Primeiramente, a vontade de ancorar esse procedimento no tempo, permitindo-lhe evoluções necessárias e inevitáveis para organizar um trabalho coletivo crítico inscrito no real, em que é preciso medir a submissão às contingências da urgência e dos acontecimentos.

Em seguida, colocando o princípio de uma indispensável confrontação coletiva com as situações vivenciadas por todos: habitantes, técnicos, responsáveis políticos, etc. Os três dias de visitas, encontros e debates no grande conjunto Cidade Tiradentes, no bairro central do cortiço da rua Sólon e na Favela da Linha tinham por vocação permitir essa confrontação com as realidades paulistanas.

Por fim, demandando a cada participante se engajar nessa ação coletiva, deslocando seu ponto de vista — não expondo o que ele é, mas sim *como* aquilo que ele é pode ajudar a compreender os problemas aqui expostos. E convidando cinco países do continente — Brasil, Colômbia, Venezuela, Haiti e México — para que se associem à França, no período compreendido entre 2013 e 2018, com o objetivo de construir um aparelho crítico comum, do qual eles aceitam vir a ser o objeto.

A proposta de organização da *Insustentável Arquitetura* feita pelo Institut français, devido à sua originalidade e às suas incertezas, suscitou certas interrogações quanto às suas modalidades de realização, além de mostrar-se pertinente e prenhe de uma ambição renovada, dado que engajada.

Em particular, ela permitiu abordar duas questões fundamentais do desenvolvimento urbano.

A primeira, sobre a qual será indispensável retornar no decorrer dos próximos quatro anos, concerne à importância, à necessidade e à urgência da experimentação e das condições a serem reunidas para que ela seja portadora de proposições coerentes com a amplitude dos problemas colocados (as experiências apresentadas por ocasião desses primeiros encontros mostraram os limites do exercício em relação às questões que elas colocavam).

A segunda concerne às apostas subjacentes às questões urbanas, que nos parecem indispensáveis de serem abordadas, para engajar de modo crítico o debate que o Institut français decidiu promover com *Insustentável Arquitetura.*

É o objeto da contribuição do LIHP na sequência desses cinco dias de jornadas paulistanas.

Apesar de continuamente serem invocadas, as crises da moradia social, do habitat popular (adjetivo a ser compreendido não no sentido de pobre, mas de *povo*, na complexidade das relações de classe que o animam) e da cidade medem menos a realidade dos efeitos que as finalidades do modelo dominante (*a fortiori* globalizados) impõem à fabricação da cidade. Aqui se devem colocar aos homens questões fundamentais para o presente e seu futuro.

De fato, a aceleração do fenômeno de urbanização mundial e sua submissão a novos valores fazem com que se "suponham" várias concepções da cidade, que precisam ser equacionadas em novos termos da questão urbana. Duas concepções do desenvolvimento urbano são discerníveis: por um lado, a cidade histórica, aquela que conhecemos majoritariamente e que foi construída por aqueles que a habitaram, uma cidade que evoluiu e continua a evoluir, uma cidade continuamente em construção e que dá testemunhos espaciais de relações sociais que também se encontram em movimento.

> *Relações entre os homens e relações que os homens estabelecem com seus meios. Nesse sentido, a cidade é também o lugar de um devir coletivo. Cidade alienante, cidade repressiva, cidade revolucionária, cidade emancipadora, sempre em construção. Ela se chama Montenegro, Brasília, Paris, Colleta di Castelbianco, Niamey, Rangpur, São Paulo, etc.*

Por outro lado, uma cidade contemporânea, tecnicizada, dita complexa, coração de redes globalizadas e de trocas materiais e imateriais, conectada ao mundo, tornada ela própria rede e fluxo.

> *Um território urbano que seria a* metacidade *descrita por P. Virilio,* Le monde ville *[O mundo cidade], de Marc Augé, implicando uma nova condição urbana, como convida O. Mongin:* "Porque os fluxos exteriores (à cidade) determinam o devir urbano, dado que esses fluxos são mais fortes que os lugares..." *Um mundo tecnicizado em que, exceção feita aos museus, tudo será doravante idêntico! Contudo, se não podemos negar que a relação dos homens com o mundo é hoje em dia condicionada por uma tecnicidade cada vez mais poderosa e sofisticada, também não podemos deixar de nos interrogar sobre a importância que lhe damos para melhor convencer cada um de sua incapacidade de doravante agir sobre seu meio.*

Uma cidade "moderna" perfeita, pensada para responder às representações e às necessidades da globalização. Produto da globalização, ela tende naturalmente a dominar o pensamento urbano "mundializado", estruturado pelas noções de mobilidade, de movimento, de fluxo, de redes, em que Dubai é o arquétipo que pesa atualmente sobre as representações de muita gente.

Dubai como arquétipo. Um ideal realizado que, por isso mesmo, nega qualquer perspectiva de devir.

Entretanto, essa forma urbana, ideal, sintética, é pensada para (e não *por*, ou simplesmente *com*) "novos nômades", doravante destinados à residência em trajetórias socioprofissionais padronizadas nas quais tudo circula e, apesar disso, parece permanecer no lugar, de tanto que se atenuam as diferenças entre os estados de coisas manufaturadas, no seio de espaços uniformizados, em que tudo se tornou intercambiável.

Essa destinação à residência tem como corolário o confinamento em posição de assistidos, de dominados intercambiáveis e a constituição de modos de vida urbanizados — em que pesem serem insuportáveis para a grande maioria: as favelas, que também se tornaram globalizadas.

A favela globalizada. Apesar de alguns verem nessa favela uma ausência total de regras e de outras expressões do gênio humano, todos concordam sobre a necessidade de levar a ela os serviços essenciais para consolidar um modo de "sobrevida", cuja mobilidade coagida é a origem (êxodo, conflitos, pobreza, concorrência sem entraves, livre troca mafiosa, etc.). A favela é a contrapartida consubstancial do ideal urbano dessa globalização. Dubai não pode existir sem ela.

Desse modo se opera e se impõe um deslizamento entre dois polos esquematicamente apresentados aqui, a partir de uma urbanização — produto aleatório, singular coletivo das relações entre os homens que nela vivem e, portanto, a transformam — na direção de uma organização material, sem devir, dado que perfeita: a dos fluxos e da individualização que aí reinam. Da civilização da cidade, singular, localizada e em evolução, passa-se a uma civilização do movimento imóvel, da fuga que padroniza e desterritorializa, ao mesmo tempo que petrifica o tempo. Esse movimento não é somente o de Dubai e das novas Dubais, pois ele seduz muitos daqueles que atualmente "fabricam a cidade" (arquitetos, urbanistas, técnicos, políticos eleitos, instituições nacionais e internacionais, etc.) e tende a impor suas "soluções" em resposta às crises (reais) das cidades reais, que também são marcadas pelas devastações da economia de lucro.

A questão urbana, em seu conjunto e em seu desenvolvimento, assim como em seus efeitos sobre a organização da vida da coletividade, não cessa de ser colocada pelo poderio da mundialização a partir de escolhas ideológicas, portanto, em termos políticos constantemente mascarados. Dessa forma, fundamentalmente, a evolução da questão urbana expressa não uma crise técnica e material, mas a escolha de uma civilização. Daí a necessidade de contribuir para a reapropriação coletiva de escolhas ético-políticas pela comunidade — aqui, não para restaurar um modelo de cidade que teria tido seu tempo e que seria incapaz de fazer face aos desafios contemporâneos, mas para inventar novas maneiras de devolver à cidade histórica sua capacidade de ser fonte de projetos de sociedade e de civilização, fonte permanente de futuros, individuais e coletivos.

Nesse sentido, as questões levantadas pelo desenvolvimento urbano são civilizacionais e exigem análises e respostas no nível de um projeto de sociedade.

Um projeto de sociedade que abordamos aqui sob o ângulo urbano, mas repetindo que ele é o reflexo e a tradução de escolhas ainda mais fundamentais. Para dizer claramente, enquanto as relações que os homens mantêm entre si e com seu meio são esterilizadas, enquanto as raras tentativas experimentais são levadas à impotência pelas relações econômicas dominantes, enquanto as vozes discordantes são reduzidas ao silêncio, é urgente lembrar que somente o povo, compreendido na integralidade de seus componentes e das tensões que o atravessam, tem condições de manter abertas as perspectivas emancipadoras, sem as quais não há futuro urbano.

As duas concepções que se superpõem atualmente obrigam a mesclar os planos nos quais melhor se pode interpretar e colocar a questão urbana. De fato, se esta se enraíza no plano geral (filosófico, ético, político, etc.), nem por isso deixa de convocar respostas... urbanas.

Eis o que exige que os atores dos debates no campo específico dominem as ferramentas próprias para examinar os dados e as apostas.

Ora, essas ferramentas não estão disponíveis, dado que só podem se construir nos contextos que as exigem. E a reivindicação de seu domínio não é espontânea, em particular da parte daqueles que são confinados na condição de assistidos, submetidos às decisões daqueles que sabem. Daí decorre a necessidade da construção *coletiva* de um saber *popular* de habitar no decorrer de uma efetiva participação *responsável* da "fabricação" de uma cidade!

Isso implica compreender e fazer compreender a necessidade de um trabalho coletivo de pesquisa, trabalho coletivo e difícil, enumerado em particular em dois níveis interligados: aquele que subentende o procedimento de concepção e de construção dos produtos "visados" e aquele da cooperação entre atores diferentes animados por diferentes *savoir-faire*, representações e expectativas:

> "... *A humanidade sabe há muito tempo que produzir segundo um modelo previamente pensado é, no melhor caso, repetir globalmente o presente. E que a única maneira de inventar o futuro, tanto para um coletivo quanto para um indivíduo, é analisar aquilo que resiste ao gesto tateante pelo qual nos propomos a transformá-lo...*"
> Jean Foucambert

Seminário "Cidades (In)sustentáveis"

Marina Grinover*

O professor Benedito Lima Toledo em seu livro *São Paulo: Três cidades em um século* [Cosac Naify, 2004], aborda detalhadamente a alteração do tecido urbano paulistano ao longo do século XX, fruto do crescimento populacional exponencial que levou nossa cidade de pacatos 140 mil habitantes no início daquele século para dez milhões de habitantes no início do XXI (ilustr. 46). Esse crescimento, em um país emergente, gerou um volume grande de famílias em condições muito precárias de moradia nas nossas metrópoles. Falamos dos mais de três milhões habitantes que vivem em favelas, loteamentos clandestinos e cortiços espalhados pela maioria da região periférica do município de São Paulo numa condição insustentável, no meu entender.

Uma situação pautada por contradições como, por exemplo, o desequilíbrio entre a pujança econômica, que no século XX transformou a cidade de São Paulo no maior centro produtivo, econômico e cultural da América Latina, e a enorme pobreza dos bairros populares e espontâneos. Nesses bairros, muitas gerações de paulistanos estão condenados a uma breve vida de dificuldades, de falta de oportunidades e de descaso de um sistema altamente exploratório.

Nos últimos trinta anos, desde o fortalecimento dos movimentos sociais, o direito à cidade e à moradia passou a ter mais peso na agenda política dos governos democráticos. Em São Paulo não foi

* **Marina Grinover:** Arquiteta e urbanista, professora da Escola da Cidade, sócia do escritório de arquitetura e urbanismo Base 3 Arquitetos.

diferente. Nós, da Base 3 Arquitetos[1], pudemos vivenciar algumas experiências de projeto de espaços em áreas precárias cujas reflexões compartilho aqui.

A primeira delas, ligada à ONG Instituto Acaia, foi a mais significativa, pois pôde nos ensinar um valor muito precioso do uso dos espaços. Amparamos nosso trabalho no estudo de David Harvey[2] no qual ele aborda as profundas desigualdades geradas por um sistema de produção da cidade que foca seu processo no valor de troca e não no valor de uso. Juntos com a comunidade da Favela da Linha, observamos e desenhamos espaços de uso. A partir de oportunidades de diálogo com a comunidade de 640 famílias, oferecidas pelo Instituto Acaia, percebemos a vital importância dos espaços livres coletivos, externos ao espaço privativo das casas. A maneira como as famílias negociam e compartilham esses espaços, que são ao mesmo tempo rua, quintal, garagem, praça, nos animou a investigar a articulação dessas qualidades em projetos para novas moradias. O espaço público é então um vazio equipado com o mínimo de infraestrutura, como pavimento e iluminação; ou equipamentos como latas de lixo, banco e árvore. Ele pode proporcionar às famílias uma multiplicidade de atividades que amparam a vida privada e propiciam a convivência coletiva (ilustr. 44-45).

Foi assim que desenvolvemos dois projetos de reurbanização para a Favela da Linha. O primeiro atende diretamente a lei específica para financiamento de habitação de interesse social do governo municipal. O segundo aproveita a ideia de parceria público-privada para financiamento e a legislação que rege a construção de vilas residenciais na cidade.

Os resultados são bem diferentes em sua forma de organizar os espaços quanto ao seu caráter público. O primeiro tem esses espaços bem definidos ao verticalizar as unidades habitacionais, de modo que a rua fica bem separada das construções, e a entrada para os espaços coletivos e as unidades também ficam delimitadas com precisão. Criamos uma transição com o corredor de acesso ao apartamento avarandado e coletivo

---

1 A Base 3 Arquitetos é um escritório de arquitetura e urbanismo fundada pelos arquitetos Catherine Otondo, Jorge Pessoa e Marina Grinover.

2 Em seu texto sobre os limites do capital, de 1980, Harvey analisa o sistema capitalista em sua fase neoliberal apenas se iniciando, à luz do conceito de valor de uso e valor de troca de Marx, e nos aponta os mecanismos exploratórios da urbanização fundamentada no financiamento que coloca a moradia numa lógica de produção capitalista capaz de expulsar as comunidades de baixa renda da oportunidade de vida em locais mais qualificados. HARVEY, David. *Os limites do capital.* São Paulo: Boitempo, 2013.

para uso das famílias em cada andar. No segundo, experimentamos uma certa indefinição espacial tanto na divisão interna das unidades quanto no estabelecimento dos acessos, criando áreas externas de uso privado, coletivo e público, que seriam negociadas pelo cotidiano da convivência no uso pelas famílias. Espaços que garantissem a cada casa luz, ventilação, água e esgoto e uma área externa (ilustr. 32-38).

Esses projetos não foram executados, mas geraram outras oportunidades das quais pudemos aprimorar a capacidade de desenho dos espaços coletivos e suas múltiplas relações entre público e privado. Posso dizer a partir dessas experiências que um espaço de diálogo com a comunidade é fundamental para o estabelecimento dos parâmetros de projeto. Cada oportunidade que o poder público oferta deve ser observada em sua relação com as características da comunidade diretamente envolvida e as condições ambientais e tecnológicas existentes.

Em São Paulo, em muitas das áreas precárias com as quais pudemos trabalhar, observamos que a moradia é um elemento que muitas vezes está resolvido, com sua espontaneidade, mas a cidade e todos os seus espaços, infraestruturas e equipamentos necessários não estão. Esse desenho e essa pauta programática precisam ser enfrentados de forma colaborativa e aberta para que a cidade se torne um espaço sustentável, no sentido democrático da palavra, e não apenas mais uma oportunidade para que setores de capital especulativo ou políticos tirem proveito em benefício próprio.

São Paulo: ajuntando os díspares, avizinhando os contrários

Philippe Panerai*

A X Bienal de Arquitetura e Urbanismo de São Paulo (Brasil) propunha questionar as práticas profissionais diante das mutações urbanas em curso. O tema escolhido, "Cidade: Modos de fazer, modos de usar", que poderia ser traduzido por *cidade, modo de fazer, modo de habitar*, declina-se em nove variações, abrigadas em oito locais diferentes, aos quais se adicionam oito outros locais associados. A maior parte está reunida no centro da cidade, portanto facilmente acessível pelo metrô, e cobre um território com aproximadamente 36 quilômetros quadrados (um quadrado de seis quilômetros de lado), que da avenida Paulista à estação da Luz fornece uma boa amostra da diversidade de situações urbanas que caracterizam a cidade. Diversidade que os mais corajosos podem apreciar saindo do centro para ir até a USP, imenso campus sombreado no limite oeste do território municipal, ou a Cidade Tiradentes, o bairro mais afastado, a 25 quilômetros do centro, no extremo leste da aglomeração, sem metrô ou trem de subúrbio, onde grandes conjuntos e favelas abrigam mais de 270 mil habitantes. Observar, frequentar, percorrer a maior cidade da América do Sul (a municipalidade conta com doze milhões de habitantes, mas a aglomeração beira uma vintena) constituem em si uma primeira lição. Fazem eco aos temas da Bienal, que tomaram um relevo particular devido a dois eventos próximos, que constituem um desafio maior para o país: a Copa do Mundo de 2014 e os Jogos Olímpicos de 2016,

* **Philippe Panerai:** Arquiteto e urbanista, sócio-fundador do escritório Panerai et associés (Paris). Membro da Académie d'Architecture.

sobretudo porque as grandes manifestações que agitaram o Brasil no início de 2013 evidenciaram uma insatisfação profunda da juventude e da classe média quanto às condições de vida e de transporte nas cidades brasileiras.

Embora seja impossível dar conta de todas as manifestações, as exposições, as conferências, as visitas, os filmes, os debates ou safari-metrô suscitados pela Bienal, inaugurada em 12 de outubro e encerrada em 1º de dezembro, devemos constatar simplesmente este fato: uma das maiores cidades do mundo dedica um mês e meio para refletir e debater sobre a cidade e a arquitetura, mobiliza para tanto uma parte de seus locais culturais e instala alguns temas em estações de metrô.

Isso começa pela grande exposição do Centro Cultural São Paulo, imensa estrutura erguida sobre um talude às margens de uma via rápida. Entra-se nele por cima, num vasto platô, em que o tema *modos de agir* começa por "visitando grandes conjuntos" num primeiro espaço dedicado à reabilitação do conjunto habitacional de Bois-le-Prêtre, em Paris, com belas fotos de interiores de apartamentos habitados, escala 1 (ilustr. 53-54); algumas montagens de fotos de demolições célebres; uma apresentação do Copan, projetado por Oscar Niemeyer em 1951 (1.160 moradias), acompanhada de uma inevitável evocação de Le Corbusier; um emocionante "Adeus Robin Hood" relatando as infelicidades do imóvel londrino de Alison e Peter Smithson, para terminar com a história da unidade de vizinhança Portales, em Santiago, construída em 1960 e objeto de um projeto de reabilitação em 2012-2013, cujo subtítulo constitui um tema de reflexão: "Da utopia moderna à ilusão participativa."

Depois dos projetos de estudantes da Universidade de São Paulo (USP), o segundo tema, "Brasil, o espetáculo do crescimento", apresenta com certa eficácia as paisagens de desmatamento, de terraplenagem, de construção de infraestruturas, de fábricas e de cidades operárias suscitadas, na Amazônia e no Nordeste, pela exploração industrial dos minérios e das pedreiras, além da produção de energia.

A própria cidade de São Paulo aparece com a seguinte problemática: "de que lei procede a verticalização", tendo em contraponto o projeto de requalificação da Praça das Artes, no centro, e a proclamação da "segurança como direito da cidade". Como bônus, uma esplêndida maquete do relevo de São Paulo, que, espera-se, constitua o primeiro estágio de uma apresentação analítica do desenvolvimento urbano em relação com o local, dado comum a todas as cidades brasileiras, mas particularmente importante aqui, dada a amplitude da aglomeração.

Em seguida, o platô do nível superior, pelo qual entramos, dá a volta e abre vistas sobre um grande espaço vazio central atravessado por rampas que unem os dois níveis inferiores, onde se prolonga a exposição. Uma vasta seção é dedicada à "China: o mundo rentabilizado", na qual as tradicionais fotos de conjuntos habitacionais acompanham o fulgurante crescimento de Shenzen, tendo em contraponto as vistas da outra China: Taipé, a cidade vertical. Por fim, no nível inferior, o tema "Carrópolis" explora as difíceis relações da cidade e do automóvel a partir de 1939 (Nova York), passando por Alison e Peter Smithson (1968), Reyner Banham, Robert-Venturi e Denise Scott-Brown (1972) ou Guy Debord (1969).

Tudo isso é consistente, por vezes espetacular, suficientemente brutal para suscitar a inquietude diante do mundo que estamos construindo. Não podemos nos impedir de fazer um paralelo com o livro *China* e o filme *Manufactured Landscapes* [*Fabricando paisagens*], de Edward Burtynsky.

Alguns outros lugares merecem ser mencionados. O Museu de Arte de São Paulo (MASP), célebre edifício de Lina Bo Bardi, menos pela contribuição estritamente arquitetônica, em que o cuidado com a implantação domina a compreensão das obras, e mais pelos novos quadros do museu propriamente dito. De fato, somos arrebatados pelo paralelo instaurado entre parte das obras recentemente expostas e os temas da cidade e da vida na cidade, que são ao mesmo tempo os desta Bienal e os das reivindicações dos últimos meses. Ou ainda essa belíssima sala de uma casa antiga integrada à Praça das Artes onde se pode tranquilamente folhear cadernos de croquis e desenhos de plantas das construções de Lina Bo Bardi dispostas sobre mesas desenhadas por arquitetos.

Foi no cruzamento de todas essas manifestações que ocorreram os encontros França-América Latina que reuniram, entre 30 de outubro e 3 de novembro, brasileiros, colombianos, mexicanos, haitianos e franceses. O fio condutor foi formado por um workshop itinerante que associou a visita de locais pela manhã e os debates sobre o tema da visita no período da tarde.

Cidade Tiradentes, a herança dos grandes conjuntos

Tendo trabalhado em vários grandes conjuntos franceses, entre os quais o de Sarcelles, o maior, esse primeiro tema parecia-me particularmente estimulante. Com nuanças devidas ao seu tamanho e à sua história, esses grandes conjuntos franceses apresentam características semelhantes que justificam uma ação do poder público, dos estados e/ou das coletividades locais, para frear a degradação, traços que podemos resumir assim:

- uma degradação dos prédios acentuada pela má manutenção e a confusão do estatuto dos espaços não construídos, tendo como consequência o fechamento sobre si dos habitantes na esfera privada da moradia;
- uma degradação das condições de vida, principalmente em virtude do aumento do desemprego, que tem como consequência um sentimento geral de se estar à margem da sociedade e de banimento (aqueles que puderam, deixaram o grande conjunto), o que acarreta economia subterrânea e violência;
- uma dificuldade (variável, segundo cada caso) de transporte, sobretudo em direção ao centro da cidade e aos grandes polos de emprego, o que acentua o sentimento de ser posto de lado.

Levando em conta uma história e uma situação econômica diferentes das nossas, eu estava curioso para ver como os brasileiros, sobretudo em São Paulo, analisam a herança dos grandes conjuntos e quais estratégias implementam para apaziguar as tensões.

O acesso por ônibus — mais de uma hora a partir da avenida Paulista — permitiu medir a distância do centro até essa extremidade leste da cidade e percorrer toda a variedade das situações urbanas que a metrópole reúne. Depois do bairro de Itaquera, um pouco mais antigo e que justapõe vários grandes conjuntos habitacionais, Cidade Tiradentes aparece primeiramente como um lugar mais escarpado, onde a urbanização desliza na linha de fundo do vale, enquanto as partes altas dos morros permanecem arborizadas e conservam traços da grande Mata Atlântica (ilustr. 3-4).

Cidade Tiradentes, "o maior conjunto habitacional da América do Sul", deu seu nome ao distrito que reúne 270 mil habitantes em cerca de quarenta mil moradias sociais, que se alternam com favelas, terrenos baldios em torno dos grandes canteiros de obras de infraestruturas, aqui e acolá pequenas construções de manufatura ou de depósitos de material de construção, em seguida outros terrenos baldios, um cemitério, algumas casas velhas, além de vestígios de uma antiga fazenda. O perfil do relevo desencoraja qualquer apreensão global — o bairro se oferece por fragmentos ligados por caminhos que ora serpenteiam no flanco das encostas, ora se espremem para formar uma verdadeira rua com vários comércios e que sugerem um pequeno centro de varejo.

Os quarenta mil alojamentos sociais realizados pela CMH (Companhia Metropolitana de Habitação) ou pelo BNH (Banco Nacional de Habitação) descrevem a variação do tipo "barra modernista" simples, isolada, geminada, em cotovelo, juntadas por três ou quatro, superpostas sobre a escarpa...

Dentre essas, a visita a moradias cujas plantas de apartamentos foram negociadas com cada família forneceu a ocasião de descobrir o quadro da vida cotidiana de algumas famílias paulistanas e de notar algumas constantes, tais como a presença sistemática de uma área de serviço (tanque + máquina de lavar roupa), a sala de estar, lugar de representação distinto da cozinha onde se desenrola a vida do dia a dia, etc.

A dois passos, um equipamento de bairro — que agrega uma escola fundamental: escola maternal, escola primária, biblioteca (CEU), piscina e jardim pedagógico; e um espaço cultural: ginásio de esportes, salas de dança, teatro com 450 lugares — mostra a importância da juventude neste país e a atenção que a sociedade lhe oferece.

Debates num centro social vizinho do bairro forneceram a ocasião de visitar outra parte e sinalizaram quanto ao papel dos habitantes no planejamento do bairro, sobretudo com o exemplo da criação de um jardim público às margens de um pequeno rio no limite de uma favela e que é objeto de limpeza (frequentemente os rios se tornam um depósito de sujeiras), enquanto uma passarela une as margens e permite o acesso direto da favela ao jardim público e ao centro social.

Nos dois encontros — sobretudo naquele da tarde —, pudemos medir o papel dos habitantes, ou ao menos de alguns deles, no planejamento e na gestão do bairro. Os trabalhadores sociais baseiam-se em algumas "personalidades" que têm ascendência sobre os habitantes e se tornaram aproximadamente seus porta-vozes — parece que nada pode ser feito sem eles.

O cortiço, rua Sólon, o potencial dos velhos bairros

Dos trabalhos em vários centros da cidade de Aubervilliers, tirei a convicção de que os tecidos antigos, por mais degradados que estejam, representam um potencial que ultrapassa o aspecto "salvaguarda do patrimônio" ao qual são frequentemente reduzidos. A maleabilidade dos materiais e dos sistemas construtivos, a escala das construções, a lógica das distribuições prestam-se a transformações que os tornam um lugar de acolhimento de novas atividades, difíceis de serem implantadas nas novas construções mais afastadas ou muito onerosas.

A rua Sólon, num velho bairro industrial e popular, situada além da linha do trem, a oeste da estação da Luz e da Pinacoteca, pareceu-me de longe ser um eco às minhas preocupações profissionais. A realidade encarregou-se de mostrar que eu estava enganado.

O bairro, em plena mutação, conta atualmente com alguns terrenos baldios, com antigas oficinas e com pequenas fábricas transformadas em locais comerciais ou profissionais inovadores (artistas, arquitetos, pessoal da informática, diversos consultores e comunicadores iniciantes). Notam-se também alguns imóveis antigos retomados e restaurados por uma nova população, que busca assim morar perto do centro sem precisar suportar os custos imobiliários, mas a vida da rua e as transformações do bairro nos escaparam amplamente. De fato, a visita à rua Sólon converteu-se rapidamente num estudo de caso: aquele de um prédio inacabado de oito andares e depois invadido, destinado à demolição e em seguida salvo e devolvido aos seus habitantes, depois de uma heroica reabilitação e uma mobilização que opôs à lógica da administração municipal aquela dos habitantes e de seus "conselheiros". Edifício abandonado, sem abastecimento de água, nem saneamento, o cortiço apresenta-se inicialmente como uma construção comprida instalada num terreno estreito, com cerca de 7 metros de abertura sobre a rua e 45 ou 50 metros de profundidade, por 25 a 30 metros de altura (ilustr. 23, 27 e 28).

Construído fora do alinhamento da rua e encostado no lado norte, o prédio se abre e é iluminado por um corredor de 2,5 a três metros de largura que ocupa o comprimento do terreno. É então um longo edifício que tem uma única orientação, exceto a face que dá para a rua. Depois dos trabalhos de consolidação das fundações e estacas do subsolo, da rede de água e a revisão da distribuição elétrica, o prédio foi transformado em moradias para 45 das 72 famílias inicialmente instaladas (ilustr. 23-30). Como foi feita a escolha? Faltam-me alguns elementos, pois precisei saltar parte da explicação para tentar compreender a disposição dos lugares.

De fato, há uma dificuldade para habitar um prédio tão longo e estreito. A subida aos vários andares para visitar alguns apartamentos permitiu constatar a existência de um imenso corredor colado contra o muro norte e que serve, a partir de uma escadaria central, cinco ou seis alojamentos por andar. Destes, somente dois ocupam a largura total, que tem aproximadamente 5,5 metros, enquanto os outros cedem a passagem, um corredor com 80 ou 90 cm de largura, e só têm, se deduzirmos a espessura das paredes, um pouco mais que quatro metros de profundidade.

Os debates ocorridos à tarde, na Escola da Cidade, trataram mais sobre os "modos de fazer", incluindo o papel dos habitantes "institucionais", do que sobre os "modos de usar", as maneiras de viver dos habitantes, sua capacidade de ocupar o espaço e as lições que disso podemos tirar.

De maneira sucinta, retive dois:

- a capacidade de, nessa estrutura desconfortável, recriar um universo familiar de apartamentos que, numa visão rápida, não difere das disposições mais habituais, bem próximas, finalmente, do que havíamos visto na Cidade Tiradentes: uma entrada, um canto de sala com sofá e televisão, uma cozinha com mesa para refeições, um canto com função de área de serviço, quartos mais íntimos, a presença das crianças (brinquedos, móveis, decoração, etc.).
- o que é surpreendente é a oposição entre esse conforto convencional do interior, chegando até mesmo ao papel de parede e à decoração, e o aspecto bruto do exterior, no qual a ausência de acabamento revela a construção apressada e talvez, em caso de

chuva, alguns problemas de umidade. Frequentemente costuma-se julgar o aspecto exterior dos lugares ou das moradias (sendo que estas são vividas pelo lado de dentro), e isto significa engajar-se a não ver o essencial.

- a lenta transição, nos espaços coletivos: escadas e corredores entre o nível térreo, que é o reino do fechamento, das grades, das cercas e dos cadeados — resposta esperada do sentimento de insegurança e da violência das grandes cidades brasileiras — e a calma que, progressivamente, de andar em andar, parece caracterizar os corredores: menos grades, e depois sem grades, como se a partir do terceiro ou quarto andar as pessoas se sentissem em segurança, protegidos pelos níveis inferiores, muito mais à vontade em seus lares. É surpreendente constatar então que os corredores escuros, rudimentares e desagradáveis nos andares baixos se tornam mais acolhedores com a presença da claridade, com portas de entrada mais bem cuidadas, com plantas, com um piso ladrilhado visivelmente realizado em comum pelos dois ou três apartamentos a que o andar serve, com objetos pendurados nas paredes ou móveis dispostos no exterior do apartamento (exíguo), mostrando assim que já se está em casa e confiante em relação aos seus vizinhos.

Favela da Linha, o informal como motor urbano

Ainda importantes na França no final dos anos 1960, os *bidonvilles* (dos quais os mais importantes são Nanterre e Champigny), equivalentes da favela, versão local do informal, haviam desaparecido. Recentemente, fizeram sua reaparição nos interstícios da cidade, levando a um aumento da xenofobia e do racismo.

Daí o interesse dessa visita e a esperança dos debates que ela poderia suscitar, com uma questão que, se não é tão diretamente colocada em nossos dias na França, ainda assim permanece importante: como captar o dinamismo do informal na construção da cidade?

Postergada por razões técnicas, a visita não pôde ocorrer e deixou lugar para os debates nesse lugar estranho e simpático do centro social do bairro vizinho, que também funciona como escola experimental e acolhe atividades diversas.

Os debates e trocas disseram respeito tanto ao conjunto de oficinas quanto à favela que não havíamos visitado. O público, atento e participativo, não hesitou em colocar questões fundamentais que mereceriam ser objeto de um seminário inteiro.

Em resumo desses três dias, e para desenvolver um pouco minha intervenção da tarde do sábado, gostaria de retomar três questões que havia mencionado na conferência inaugural da noite de quarta-feira na universidade: a questão do fechamento e do limiar, a questão da evolução e da transformação das disposições, e a questão do tecido. Retomá-las, partindo do imediato, das três visitas do seminário, dos bairros que vimos, das discussões informais, dos encontros, etc.

O fechamento e a soleira

Esqueçamos por um instante a questão obsedante da segurança e da violência para voltarmos à necessidade quase animal de limitar seu território — é uma velha história, um velho mito que atravessa as culturas, como Caim e Abel, Rômulo e Remo: estar em sua casa, e em sua casa estar protegido para acolher.

Na Cidade Tiradentes, em pequenos imóveis de cinco a sete andares, as extremidades das galerias de circulação são marcadas, apropriadas por duas famílias que têm confiança entre si, e arrumadas com mesinhas, flores, decorações... No cortiço ocorre a mesma coisa: as pessoas sentem-se cada vez mais à vontade nos andares, organizam-se para revestir o piso comum a duas ou três famílias, o que é um início de vida em conjunto, um modo de revelar, para quem está fora, à porta, seu gosto e sua personalidade.

Nos dois casos desse limite, esse *in-between* é o lugar de acolhimento, a primeira imagem que se oferece de seu lar, antes do fechamento, mas já de seu domínio, sua casa. E alguns exemplos me vêm à memória:

- a sedentarização dos beduínos na Argélia, ao norte do Saara: muro + caminhão + barraca: o muro de pedra de dois metros de altura protege as pequenas árvores dos ventos de areia, o terreno fechado oferece um mundo separado da dureza do deserto; a casa será construída mais tarde, num jardim já próspero. O muro fecha o território do projeto familiar: estabelecer-se.

- o informal do deserto do Cairo, onde os futuros habitantes começam por marcar o solo com pedras, para delimitar seu terreno, esperando para ver se essa marcação é respeitada. Depois ocupam o espaço delimitado de maneira precária antes de construir efetivamente uma casa de início sumária, mas que rapidamente será ampliada, espessada, assobradada, graças a estacas de cimento armado que deixam ferros em espera para um andar suplementar.

Um jogo dialético é estabelecido entre o muro exterior e a soleira. A soleira é o lugar da ultrapassagem do fechamento — sem fechamento, não há soleira. Ela é ao mesmo tempo topológica e antropológica.

O que é particularmente interessante, tanto em Cidade Tiradentes quanto no cortiço, é o compartilhamento da soleira. Nota-se primeiramente que ele ocorre nas extremidades da galeria de circulação ou do corredor, no espaço final, de qualquer forma — onde não se passa, onde só se pode ficar, onde as disposições espaciais convidam os vizinhos a se entender, a cooperar, enquanto aqueles que se situam ao longo de um percurso parecem mais isolados, talvez mais expostos. Mas essa situação não basta para explicar a apropriação. Nos dois casos, há extremidades de corredores ou de galerias de circulação em que nada acontece. É cedo demais, os habitantes têm muito o que fazer do lado de dentro para poder se ocupar do lado de fora. Ou os vizinhos não se dão e uma desconfiança está instalada. Ou ainda uma primeira tentativa foi desencorajada: roubo, destruição. Se as disposições não lhe contam uma história, elas lhe colocam algumas questões.

A questão da evolução

Falei do exemplo do Saara: a acumulação primitiva supõe um mínimo de segurança para que os pobres sejam menos miseráveis. Depois, pouco a pouco, mas suficientemente depressa, as coisas se organizam, se solidificam. A transformação da casa é um projeto familiar, e do abrigo se passa à atividade.

Ainda aí o muro desempenha um papel protetor e defensivo, porém ao mesmo tempo simbólico e quase jurídico. "Estou em minha casa e posso arrumar e transformar meu espaço". Percebemos que está em ação a questão fundamental da propriedade, da escala de seu recorte, que favorece ou não a apropriação pelos habitantes, a transformação de sua casa, a criação de um lugar para exercer uma atividade. Na Cidade Tiradentes, é surpreendente quando se observa no que se tornaram as bem-comportadas casinhas enfileiradas diante da escola fundamental, atualmente irreconhecíveis, de tanto que os habitantes fizeram delas outra coisa, aproveitando-se da situação sobre a rua, com o fluxo dos passantes, para transformar os cômodos dianteiros em comércio ou em serviços, e ao mesmo tempo aumentando a parte de trás, cobrindo o quintal para fazer estoques ou, ao contrário, o lugar da vida em família.

As mesmas transformações são observadas em todos os cantos em que os habitantes não são constrangidos ou controlados, nas cidades-satélites de Brasília, nos subúrbios londrinos ou na periferia do Cairo. Foi assim que se constituiu a grande rua comercial de Versalhes depois da morte de Luís XIV.

A questão do tecido

Ela é simples: como manter unidas coisas diferentes — ruas e praças, instituições e moradias, bairros calmos e lugares animados, pequenas casas e grandes imóveis, oficinas adaptadas e supermercados.

Na categoria dos tecidos heteróclitos, São Paulo é campeã desses encontros surpreendentes. Ainda aqui o papel da propriedade é fundamental, o que permite ajuntar o díspar, avizinhar os contrários. No meio de tudo isso, as permanências: o convento dos jesuítas, fundadores da cidade acima do vale; a avenida Paulista, que guardou o mesmo gabarito de um século atrás, como testemunham ainda algumas das grandes mansões do café, perdidas entre os imóveis modernistas e os arranha-céus insolentes; a proximidade dos imóveis de um lado e do outro da Cidade Jardim e tantos outros.

As grandes cidades tumultuosas e desordenadas têm essa capacidade de fazer coexistir tipos de construções diferentes, de usos diferentes, de habitantes diferentes.

Ocupação central e abstrações periféricas

Arturo Ortiz Struck*

O cortiço da rua Sólon, no centro de São Paulo, é uma antiga estrutura abandonada que foi tomada há alguns anos por um grupo de ocupantes tão repentinos quanto informais. Esses ocupantes, no decorrer do tempo e orientados por acadêmicos da Universidade de São Paulo, foram capazes de transformá-lo em um prédio que conta com serviços públicos e que oferece aos habitantes um espaço adequado e seguro para viver.

Na visita ao edifício, realizada durante o fórum *Insustentável Arquitetura*, no âmbito da Bienal de Arquitetura de São Paulo, lembrei-me das palavras do filósofo latino Horácio, "a adversidade aguça o talento", o que naquele momento fez todo sentido e, além disso, abriu um cenário de análise sobre as condições adversas que as cidades contemporâneas oferecem aos indivíduos.

A condição de pobreza na qual habitantes de todo o planeta subsistem coloca em evidência como o sistema de livre mercado não tem capacidade para incluir todos. Ao contrário, há uma infinidade de evidências que mostram como a concentração de capital atingiu limites inéditos. Os Estados se enfraqueceram frente às dinâmicas econômicas e tentam gerir o modo de produção dominante com a sociedade. Para conseguir isso, mantêm a qualquer custo a estabilidade econômica e atenuam, na medida do possível, os efeitos negativos que normalmente recaem sobre diversos setores da sociedade.

Fica a impressão de que a situação dos governos é de uma precariedade alarmante, uma vez que, em termos práticos, não controlam os choques financeiros ou a ebulição social. Uma medida comum, da parte

* **Arturo Ortiz Struck:** Arquiteto e editor da revista *Ensamble*.

dos Estados — para preservar o modo de produção dominante, sobretudo em países emergentes —, é a instauração de rigorosas políticas fiscais e econômicas, que conseguem manter a estabilidade financeira, mas parecem incapazes no momento de redistribuir os benefícios de forma equitativa.

As elites se referem à pobreza e a outros limites do desenvolvimento como "externalidades negativas", e sua qualidade principal é a que se expressa por estatísticas, tabelas de Excel e tecnicismos elaborados, mas separa de forma contundente aqueles que tomam decisões econômicas do cotidiano das pessoas que vivem na própria carne o desespero da falta de oportunidades de trabalho e de progresso.

Parece-me uma situação que simbolicamente muda o sentido da lógica que existe entre as explicações de mídia e o real. Por um lado, trata-se de uma lacuna que contradiz o modo natural de entender a relação entre a "estabilidade econômica" e a "pobreza"; situação que não pode ser imaginada por grandes grupos sociais senão como um engano permanente; por outro lado, é uma abstração técnica que permite aos governantes tomar decisões sem se dar conta das implicações sociais das mesmas. Diante desse cenário de divisão e conflito não declarado, o descrédito das instituições está tão consolidado como a própria economia de mercado.

A expressão física em cidades moldadas por essas confusões sociais e abstrações sistemáticas é tão ambígua quanto heterogênea. No entanto, podemos perceber a representação espacial que corresponde a uma atitude de resistência sustentada em setores vulneráveis e pobres, que em toda América Latina têm encontrado uma maneira de saltar os limites da propriedade, das políticas públicas e da forma financeira de produção urbana.

O comportamento desses grupos sociais é profundamente heterogêneo e varia entre bairros, cidades e países, e também entre momentos históricos. Há uma infinidade de versões espaciais do mesmo fenômeno, que se originam de maneira completamente diferente, mas, por fim, terminam por construir habitações emergentes de autogestão, onde os moradores buscam se integrar no tecido urbano e social. O custo dessa operação é muito alto para os moradores, se medido em relação a conforto e segurança de famílias, mas muito baixo em sua dimensão econômica.

Esses processos são muito populares e têm razões também variadas. Por um lado, a moradia se converte no projeto de vida de famílias inteiras. Essa é a única maneira de se adquirir uma propriedade em grandes segmentos sociais — devido à representação ideológica, que assinala de maneira constante a urgente necessidade de ser proprietário de um pedaço de terra, ou ainda para atender às necessidades imediatas de habitação de uma família para que, depois de um tempo, os habitantes consigam criar raízes emocionais com o lugar e transformem sua casa e seu bairro em um elemento fundamental de identidade.

Outras versões envolvem grupos de poder, partidos políticos e espaços de confronto. O certo é que, embora as razões e os procedimentos sejam diferentes, as expressões das edificações acabam se parecendo muito, são evidências de uma imaginação produzida na emergência e na precariedade, sustentada em um conhecimento técnico básico, e também um exemplo extraordinário de que a "adversidade aguça o talento".

Projetos como o cortiço da rua Sólon são um exemplo de organização e gestão. Diferentemente de outros grupos, esse projeto conseguiu se inserir num tecido urbano consolidado e seus habitantes participam ativamente do desenvolvimento coletivo da moradia. O apoio que receberam de acadêmicos mostra um caminho possível para responder à precariedade, essa mesma que os governos têm sido incapazes de considerar como elemento central em seus planos.

Parece-me importante assinalar que os modelos informais e emergentes de construção de moradia na América Latina representam uma das maiores formas de expansão e ocupação do solo urbano, fenômeno esse que será mantido nas próximas décadas. É na educação fundamental, oferecida pelos Estados, que vejo um ponto estratégico para a transmissão do conhecimento técnico-arquitetônico que permita a construção de futuras moradias informais com melhores condições de energia e de aproveitamento de recursos naturais e materiais. Essa estratégia se afasta do urbanismo tradicional e leva em conta a necessidade urgente de reconhecer a incapacidade sistemática dos Estados em oferecer habitação de boa qualidade para todos.

Em busca da transformação dos modelos

Frédéric Druot*

... 2 ou 3 coisas que sei

O território é vasto
amigo,
acolhedor,
a natureza ao alcance das mãos

suficientemente
cerrado ou descoberto
simulado ou dissimulado,
organizado e habitado
contrastado e diverso

suficientemente
capaz

para gerar
novas situações
a partir de suas organizações
existentes.

em conexão com suas
redes, suas vias...

---

* **Frédéric Druot:** Arquiteto, sócio-fundador da agência Frédéric Druot Architecture (Paris). Recebeu em 2011 o prêmio francês de l'Équerre d'Argent pela reabilitação da Torre Bois-le-Prêtre (França).

sem novos planos
e esquemas urbanistas
impulsivos e visionários,
sem formatação,
nem caixa de ferramentas

sem talhar, cortar
sem demolir,
sem desfazer, desorganizar
recompor,
sem incomodar

gastar muito
menos
para
fazer muito mais

por um urbanismo de
precisão e de atenção
às organizações,
às diferenças,
às pessoas, às árvores
aos bichinhos

pela precisão da
economia urbana
com os pés no chão.

Esse título-atitude diz quase tudo. Tudo o que defendemos, sobretudo com Anne Lacaton, Jean-Philippe Vassal, Christophe Hutin e Cirylle Marlin em cada um de nossos projetos, quer se trate de estudos prospectivos na escala de um território (cf. chamada de projetos "cinquenta mil novas moradias em torno de eixos de transportes públicos" em Bordéus), ou de transformação em local ocupado por torres de habitações salvas de uma demolição (a Torre

Bois-le-Prêtre em Paris, ou ainda os imóveis G, H, I no bairro do Grand Parc em Bordéus).

Muito além de um modelo de pensamento à moda europeia, observar toda a situação como um ajuste de capacidades, de energias a prolongar, e não como uma massa inerte a remodelar, constitui uma extraordinária prévia à menor intenção arquitetural ou urbana. Essa mudança de olhar leva a considerar de outra forma aquilo que já existe: como um valor vivo que demanda atenção, precisão, conhecimento e reconhecimento, em particular pelas situações mais frágeis (ilustr. 48-49).

Quando em novembro de 2013 fui convidado a participar do seminário *Insustentável Arquitetura*, organizado em São Paulo pelo Institut français, no quadro da X Bienal de Arquitetura, meu interesse era evidentemente grande em descobrir novos campos de experiências.

Uma viagem curta forçosamente alterna conferências, mesas-redondas e visitas a projetos.

Três estudos de caso entusiasmaram-me particularmente, mesmo que eu me questione sobre a pertinência de abordá-los assim de forma tão sumária, sem real perspectiva de aprofundamento, sendo que já nos haviam sido anunciados os próximos encontros na Colômbia, na Venezuela, no Haiti e no México, que ocorrerão daqui até 2018.

Cortiço: precisão e benefício máximo, por um mínimo de intervenção material

Fomos ao cortiço da rua Sólon, em pleno bairro do Bom Retiro, com os professores Maria Ruth Amaral de Sampaio e João Whitaker. O modelo de habitação coletiva multifamiliar do cortiço foi desenvolvido nos anos 1930 para alojar as classes populares no centro da cidade. Frequentemente, ele tem a forma de uma barra de concreto, pouco espessa, constituída de pequenos cômodos servidos por um longo corredor e uma única escada na fachada.

Durante muito tempo abandonado, o cortiço da rua Sólon foi cedido pela cidade a uma copropriedade para atender a famílias de baixa renda. Atualmente, ele é objeto de uma reabilitação delicada — feita pelos habitantes, pela Escola Politécnica e pela Faculdade de Arquitetura e Urbanismo da USP, pelo setor privado e pela universidade pública —, que diz respeito a intenções mínimas e bem focadas. Estas consideram essencialmente a estrutura de concreto e as restrições de segurança do prédio. Precisamente diagnosticadas, as fraquezas estruturais bem localizadas foram notadas sobretudo na interseção da parte inferior da laje do estacionamento com a distribuição de cargas (fundações). Esses pontos fracos foram então retomados no nível das malhas de ferro e do concreto, simplesmente. Tal estratégia de microcirurgia aplicada na escala da estrutura permitiu assim garantir a manutenção. Por outro lado, dado que uma única escada para servir a todas as moradias era insuficiente, os instigadores dessa reforma trabalharam com os habitantes a respeito das condições da responsabilidade num prédio coletivo. Assim, ciclos de formação sobre os riscos, precauções gerais e condutas a serem tomadas em caso de incêndio foram organizados com os ocupantes.

Essa modesta e eficaz experiência de adaptação que, entretanto, ocasionou muitas batalhas junto à municipalidade, mostra a que ponto as intervenções mais presumidas e duráveis frequentemente são mínimas e econômicas, pois resultam de julgamentos exatos que se ajustam às reais necessidades de uma situação. E tudo sem arquiteto ou urbanista.

A Favela da Linha: um urbanismo fora da lei, mas de que direito?

A Favela da Linha, apresentada no Instituto Acaia pelo duo de arquitetas Catherine Otondo e Marina Grinover — professoras na Escola da Cidade — e pela artista Elisa Bracher, constitui um segundo estudo de caso significante. Situada nas proximidades do principal mercado de produtos frescos por atacado da América Latina, o Ceasa, a Favela da Linha caracteriza-se por sua rua principal, que distribui duas grandes fileiras de habitações. O Instituto Acaia já iniciou as primeiras trocas com os habitantes, propondo-lhes, num centro dedicado a eles, diversas atividades, que vão do apoio à educação e à formação, até assistência jurídica e administrativa. Para refletir sobre a melhoria das condições de moradia nessa favela e evitar sua destruição e o deslocamento dos habitantes num prédio genérico, como de hábito, o instituto associou-se aos arquitetos voluntários e engajados do estúdio Base 3 (ilustr. 32-39).

Apesar de todo entusiasmo e engajamento, os mestres de obra são atualmente confrontados com uma situação de impasse: as regras de urbanismo, em matéria de prospecção, de criação de redes e de adequação às normas que regem todos os bairros de São Paulo, são indiferentemente aplicadas às favelas. Ora, a complexidade de seu tecido evidentemente não pode se dobrar a essas medidas, sob o risco de ser remodelada de forma radical, para não dizer claramente destruída. A particularidade dos modos de vida, das imbricações formais, econômicas e sociais não é reconhecida como um sistema singular capaz de se regenerar sobre sua própria constituição e responder às suas necessidades de evolução; essa posição da "estúpida regulamentação urbana" aberrante é interessante: parece pertinente então se perguntar se a via do "projeto de arquitetura ou do urbanismo" sempre é a boa... Como então pensar maneiras de promover a evolução de uma realidade tão singular quanto a estrutura das favelas escapando da coleira administrativa que exclui até mesmo a ideia de "caso" e de precisão?

Cidade Tiradentes: por que as moradias, mesmo as mais belas, não são tão bonitas quanto as escolas?

Enfim, na Zona Leste de São Paulo, fizemos uma visita a Cidade Tiradentes (ilustr. 3-4) com Guilherme Petrella, arquiteto e professor da Escola da Cidade. O maior conjunto habitacional social da cidade acolheu recentemente projetos "alternativos", como o primeiro Centro de Equipamentos Unificado (CEU Inácio Monteiro, ilustr. 8-11), o Centro de Formação Cultural de Cidade Tiradentes (CFCCT, ilustr. 5-7) e os projetos de moradia autogerada (mutirões Paulo Freire — ilustr. 12-13 — e Unidos Venceremos). Nas proximidades de um desses projetos de autopromoção, visitamos dois lugares: um grupo escolar e o resultado de moradias autogeridas.

Esse grupo escolar dos anos 1960, saído da grande campanha de construções públicas apoiada pelo Instituto da Caixa Social do Estado em quase todas as cidades do estado de São Paulo, teve como grande defensor o arquiteto Paulo Mendes da Rocha. A eficácia, assim como a generosidade da estrutura dessa escola — que se estende por cerca de 150 metros de comprimento em paralelo com suas três piscinas debruçadas sobre a cidade —, é notória. Qualquer tipo de programação é nela imaginável: lugar fechado para estudar, ler, declamar, dançar, lugar aberto para passear, correr, para encontros, protegido do sol ou da chuva, aberto para o vento ou ao abrigo das borrascas. Essa geografia maravilhosa, que atrai para o ensino até os piores alunos, nos faz perguntar: por que o urbanismo não é mais engajado nesses caminhos hoje em dia, aqueles que permitem dar à cidade e aos habitantes o máximo de capacidades e desejos, e isso numa economia fraca? O projeto de habitação autogerida visitado traduz, é claro, a vontade de um grupo de indivíduos de se organizar e viver de outra forma, mas não resiste à comparação. O sentimento de que os espaços das moradias permanecem restritos, reduzidos e superprotegidos continua a ser predominante.

Essas três experiências, rapidamente percorridas no território de São Paulo, traduzem uma atitude otimista sobre o que já está presente: as pessoas, as construções, as organizações. As vontades e os engajamentos individuais são o motor. Sua energia vem de uma crença na capacidade de oferecer o máximo por meio da transformação dos modelos e da atenção aos casos.

Contudo, o que valem essas três situações em relação às políticas urbanas dominantes, em relação às demolições geradas pela construção de novos bairros rotulados como ecológicos na América do Sul ou em outros lugares? E como interpretar a aproximação "fortuita" entre essas três iniciativas individuais e a apresentação muito rigorosa da urbanista Marcela Huertas Figueroa para a promoção de um novo bairro em Cali, no fechamento do seminário? A concepção dessa futura peça urbana repousa sobre as mesmas pretensões de entorno, os mesmo sonhos de vias para bicicletas, de faixas verdes, de painéis fotovoltaicos e outros eólicos, como defendidos na Europa, enquanto que os parâmetros parecem ser bem diferentes. E em nenhum dos continentes a equação econômica parece ganha.

Léxico obrigatório para o uso dos urbanistas

Caminhar
Conhecer
Visitar

Inventariar
Classificar
Estimar
Contar
Medir
Apreciar
Avaliar as capacidades
Avaliar as prioridades
Fazer ou não fazer
Não demolir
Não cortar
Não desorganizar
Otimizar
Adaptar
"Bricolar"
Aumentar
Reutilizar
Fazer fusão
Ampliar as aberturas
Oferecer vista
Oferecer jardins
Oferecer serviços
Oferecer fluidez
Oferecer facilidade
Diminuir as cargas
Economizar
Agregar
Adicionar
Espessar
Apoiar
Superpor
Questionar
Integrar-se
Diversificar
Amar

Para toda cidade sempre existe um plano
A cidade nos define mais em relação a seu centro que a sua periferia

Marcela Huertas*

Em 1995, Juan Nuño[1] perguntou: Por que existem cidades? Sua resposta foi que a cidade é a consequência de um agrupamento de seres humanos, dentro do qual o homem realiza sua liberdade melhor do que fora dele, e onde aparece pela primeira vez a noção de trabalho em equipe e a consequência das aglomerações. Mas, atualmente, as cidades crescem sem novas ideias e critérios; e isso explica por que cerca de 60% da humanidade vive na cidade. Como consequência, surge a necessidade de se tentar construir essa cidade ideal.

Por ser a cidade a própria expressão de uma forma social avançada, responde em todos os momentos a uma determinada concepção — da rígida e disciplinadora à solta e desorganizada. Por exemplo, para o primeiro urbanista, Hipodamos, a cidade se construía de acordo com um plano ou uma ideia, e por isso calculou que não deveria ultrapassar os dez mil habitantes, como Atenas, estruturada segundo um esquema numérico muito preciso, que dividia seus grupos populacionais.

Há um caso recente, que demonstra novamente esse argumento de Hipodamos. Refiro-me a Brasília, capital do Brasil, cuja concepção buscava atrair para o centro do país a população e modificar o imaginário de país costeiro, construído para manter sua capital no litoral. Foi uma

1 Juan Antonio Nuño Montes (1927-1995) foi filósofo, escritor e professor em universidades na Espanha, em Porto Rico, no Peru e no México.

* **Marcela Huertas:** Urbanista, diretora da GIP (Gerencia de Gestión e Innovación de Proyectos), de Cali.

cidade que contou, desde sua fundação, com um plano concebido por um grupo de arquitetos, urbanistas e artistas, do qual se pode destacar a participação de Oscar Niemeyer. O resultado desse planejamento foi um rápido crescimento da população, que aumentou de 140 mil para mais de dois milhões no ano 2000; além disso, Brasília tem um dos PIB *per capita* mais altos da América Latina.

No entanto, a realidade das cidades, dado seu crescimento natural, indica que o planejamento se encontra determinado a partir do ponto de vista do fluxo: de veículos, pessoas e informações (Martín-Barbero, 1994), e que daí surjam situações como a "perda do centro" e a desurbanização, que basicamente descrevem como o progresso da cidade leva ao abandono não só do centro, mas do próprio espaço público. Resultado também do fenômeno migratório que sempre afeta as cidades e seus frágeis governos municipais a fim de estabelecer mecanismos que interrompam a deterioração das condições de vida dos seus habitantes, os quais, por vezes, ao buscar novas oportunidades, terminam lançando mão da "cultura do jeitinho", o que representa para a cidade a ruralização do espaço público (Martín-Barbero, 1994).

Planos territoriais são o guia para a cidade em relação a serviços públicos, mobilidade, construção, projetos, infraestrutura, espaços públicos, entre outros temas. Daí a necessidade de se pensar em um planejamento de fluxo, coisa que não acontece nos países em via de desenvolvimento. Cali é um exemplo dessa situação: por um lado, desde 2007 até 2012, 114.962 pessoas migraram para a cidade, algo como três famílias por dia, em sua condição de deslocadas. Escolheram Cali por sua posição geográfica — que a torna uma cidade de passagem —, cidade com Plano de Ordenamento Territorial que não é atualizado há catorze anos; ainda que atualmente se iniciem as correções necessárias. Ao chegarem, essas pessoas não encontraram nenhum planejamento, e foram se assentando em lugares onde tinham fácil acesso a serviços públicos ou recursos naturais (ilustr. 50-52).

A busca por novas oportunidades de vida, através da migração para a cidade, representa, por vezes, a criação de assentamentos populacionais em espaços públicos que não são considerados como zona de expansão no planejamento urbano. Os países em via de desenvolvimento são mais propensos a esse tipo de assentamento, dadas suas condições econômicas e a fracas políticas de inclusão social. Surge então a pergunta: como lidar com os assentamentos que já existem? Por que em áreas periféricas? Porque eles são lugares fáceis de assentar, onde licenças e custos não precisam ser assumidos. Esses assentamentos ilegais são o resultado tanto do mau planejamento urbano quanto da falta de visão dos líderes que devem orientar e imaginar qual é o desenvolvimento que devem ter as cidades, mais ainda, quais são seus prognósticos de crescimento e as suas razões.

A falta de políticas públicas claras em relação à inclusão social, em um Plano de Ordenamento Territorial para áreas de expansão e periferia, agrava essa situação. Por um lado, políticas se inclinam ao uso de planos de choque em relação à população imigrante, tentando estabelecer instrumentos que viabilizem o acesso à habitação, como programas de sensibilização ao novo estilo de vida. As favelas do Brasil nos dão uma visão panorâmica em matéria de ausência de políticas e planos necessários para o desenvolvimento ordenado e estruturado, como é feito em países europeus.

Pensar em macroprojetos para o crescimento de uma cidade não é só pensar em elementos estruturais e nos benefícios que eles trazem; também é preciso considerar quais serão as consequências. Certamente o progresso atrairá novos imigrantes, e como responderemos a essa situação? O plano de zoneamento urbano se articulou com esses macroprojetos? Pensar na cidade é pensar em um trabalho em rede e de inclusão social em todos os níveis.

São Paulo e depois...

Olivier Mongin*

O colóquio itinerante que ocorreu durante vários dias em São Paulo foi uma caixa de ressonância que permitiu avançar temáticas talvez reencontradas em outras situações urbanas no decorrer de outros périplos na América do Sul. Se de um lado não há dúvidas de que a mundialização urbana leva a refletir sobre questões e problemas comuns, por outro os cenários urbanos são sempre particulares, tanto no plano dos projetos urbanos, quanto no do imaginário e no da governança. O texto que segue se apresenta então como uma recapitulação de algumas interrogações "paulistanas" que "nós" tivemos a oportunidade de compartilhar. Evocarei cinco delas, que também são seixos — Borges amava essa imagem — lançados ao mar e suscetíveis de ricochetear.

Primeiro ponto

Em primeiro lugar, nós nos pusemos de acordo sobre a constatação de uma "mundialização urbana" que, indissociável de uma pressão do global sobre o local, e de uma multiplicação das escalas, não permite mais recorrer ao vocabulário clássico da cidade industrial europeia, aquela que foi pensada tanto por urbanistas como Ildefons Cerda, quanto por sociólogos como Simmel ou Weber. Apesar disso, confrontados a essa mundialização urbana, não optamos por um dos cenários alternativos, seja o da homogeneização (o mesmo tipo de urbanização em todos os lugares), seja o do caos (uma urbanização amiúde incontrolável). Preferimos falar de tendências pesadas (prevalência dos fluxos sobre os

---

* Ver nota biográfica à p. 39.

lugares, declínio do espírito público em proveito de uma privatização que só diz respeito à economia, aumento das desigualdades territoriais que fragilizam a composição social), que se desdobram segundo modos específicos e em situações sempre particulares nos quatro cantos do universo urbano. Dessa constatação, resulta que a urbanização "generalizada" em curso (a geografia de Augustin Berque evoca, por sua vez, uma urbanização "difusa") vá de encontro a uma urbanidade sustentada por valores urbanos. Por isso, a *urbes* e a *civitas* se dissociam, de onde deriva a questão: qual urbanismo imaginar em situações extraeuropeias nas quais o urbanismo industrial do fim do século XIX não se adaptou a situações de outra ordem? Dado que a mobilidade se tornou a mola decisiva da urbanização e que assistimos à última geração de migrantes rurais (na Ásia ou na África, pois o crescimento urbano é endógeno na maioria dos países da América do Sul, como insiste Doug Saunders em *Du village à la ville* [*Do vilarejo à cidade*], Seuil, 2012), a questão da integração não pode se furtar a esses valores urbanos que são a "segurança" e a "hospitalidade". De fato, a questão urbana repousa, entre outros, sobre estes dois valores: de um lado, ela é uma resposta à violência e deve oferecer uma segurança coletiva, que não se resume a políticas securitárias que consistem em relegar aqueles que se encontram às margens; de outro, contraponto da precedente, a urbanidade exige acolher — é a hospitalidade — aqueles que batem às portas, o que não deixa de lembrar a "cidade-refúgio" própria à tradição bíblica, que alguns filósofos como Jacques Derrida e Emmanuel Lévinas revalorizaram.

Segundo ponto

Um segundo ponto em que nos pusemos de acordo e que talvez seja o mais essencial diz respeito ao lugar que se deve dar aos habitantes. O recuo histórico permite apreender a ruptura antropológica que vivemos em nível planetário, devido à velocidade de crescimento demográfico que acompanha a urbanização contemporânea. A experiência de habitar ficou profundamente afetada: é claro que habitar passa por um abrigo ou alojamento, por uma casa ou um lar, e é preciso remediar a ausência de moradia e o "mal habitar". Contudo, habitar engaja um "fora", um "comum" que "ultrapassa" o domicílio privado: é um gesto que implica o pertencimento a um conjunto e mobiliza ao mesmo tempo o local e o global, o próximo e o longínquo, a rua e a Terra. Não se mora "de qualquer jeito", "em qualquer lugar" e "onde quer que seja": na cidade, no campo, no deserto ou na floresta. Ora, a urbanização generalizada tende a sacrificar os valores urbanos que subjazem à cidade clássica, seja no universo urbano europeu, doravante em marcha lenta, seja através da urbanização em vias de desenvolvimento rápido na América do Sul ou no sudeste da Ásia. Nessas circunstâncias, o "urbano generalizado", aquele que não tem mais "limites", remete à representação de um urbano que está em toda a parte e em nenhuma delas, não cessa de se estender, não finda jamais e dá a volta ao mundo. A urbanização anunciada há décadas está, portanto, quase finalizada: claro que na Europa ou nos Estados Unidos não se muda mais para a cidade, mas se tenta sair dela, quase deixando acreditar num retorno virtuoso ao campo, enquanto a urbanização do planeta borra os limites do campo e da cidade. O que favorece uma hibridação espacial que está ligada ao retorno do urbano sobre si mesmo, sobre sua capacidade de ocupar todos os territórios e não mais se destacar deles, como foi o caso das cidades providas de limites e muralhas. Nos Estados Unidos, no Canadá ou no Brasil, terrenos baldios, zonas abandonadas, desertos e espaços construídos coexistem. "A condição de habitar" não é uma necessidade abstrata, um valor substancial como o são a utilidade ou o trabalho em economia, ela engaja uma "ética do habitar", desde que o privado já esteja "envelopado" no público, e que o local participe da Terra global. Não é mais então um espaço considerado na pluralidade de suas dimensões que é levado em conta quando o acesso à moradia, o espaço-recurso indispensável, se impõe como a única prioridade das prioridades. A redução da moradia a uma função dentre outras, ao lado do trabalho, dos transportes, do comércio e dos lazeres, pode estar na origem de uma visão restritiva da habitação. Certamente, esta constatação é delicada, pois é difícil recriminar que políticas de moradia permitam que os sem-teto ou os habitantes das favelas acedam aos alojamentos. Por isso mesmo, as ações urbanas devem inscrever a questão da moradia numa visão ampla, que é a da habitação.

Terceiro ponto

A esses dois primeiros pontos é preciso adicionar a necessidade e a urgência de fazer constar a entrada num universo urbano, um fenômeno irreversível ligado às novas tecnologias que, a distância do funcionalismo, é aquele da conectividade generalizada. De fato, é indispensável dar toda sua importância à analogia que existe doravante entre o universo virtual e a realidade efetiva do mundo urbano em construção. O que ainda ontem dizia respeito às infraestruturas urbanas concerne principalmente aos espaços de conexão — portos, estações de estradas de ferro, rodoviárias, aeroportos — que são "hiperlugares", frequentemente desconectados de seu contexto. Nessas condições, o acesso à conexão torna-se uma aposta crucial: o exemplo chinês (a China é um país em que a posse do "hukou", a carta de residência urbana, condiciona o acesso às amenidades sociais da cidade) mostra bem que as conexões (as rodoviárias-ferroviárias-aeroportos de Xangai ou de Pequim) são filtros que permitem controlar ou vetar a entrada no mundo urbano. À questão do acesso soma-se a dos tipos de conexão: de fato, uma conexão não diz respeito somente aos transportes, mas também aos espaços de saber, como as universidades, ou de cultura, como os museus.

Quarto ponto

A metropolização é atualmente uma temática onipresente e corre em todos os sentidos para que seja pertinente. De fato, já se falava de metrópole a respeito das grandes cidades industriais europeias do século XIX, mas os cenários metropolitanos atuais são muito contrastados. Não se trata então de buscar "o bom modelo" de metrópole, mas de se questionar sobre as razões dessa atualidade metropolitana mundializada. Se ela tem um sentido, a ambição da metrópole deve ser a de articular os fluxos globalizados a um território explodido e fragmentado, de associar todas as figuras, práticas e atmosferas urbanas. A finalidade da metrópole é "refazer a cidade" e a cidadania no universo do urbano generalizado, de reconfigurar os territórios, de "pôr em tensão" as figuras urbanas dissociadas ou em vias de separação, para fazê-las permanecer juntas. Isso a distingue, antes de tudo, da cidade "na moda", "globalizada" e "hiperconectada" como, por exemplo, Dubai ou Singapura (cujo slogan louvado pelas agências é: "global, verde, conectada"), aquela que aspira ao local dentro do global. Valorizar a metrópole sob a égide de uma "utopia concreta", na expressão de Alberto Magnaghi[1], é considerá-la como uma cidade contextual, uma aglomeração que inscreve os fluxos globalizados num "contexto" — que corresponde a um lugar, mas também às práticas dos habitantes que portam em si a narrativa e o imaginário desse constructo. É uma "cidade-mundo", mas no sentido em que busca "fazer mundo", e não apenas ser mundializada e interconectada. Todavia, será que esta cidade, duplamente centrífuga e centrípeta, pode instituir uma política urbana e tomar para si a dimensão democrática da *Polis*? Ainda aqui há uma variedade de cenários: há metrópoles em toda parte do mundo, mas raros são os projetos metropolitanos suscetíveis de dinamizar a democracia urbana e de se preocupar com seus habitantes. Se por um lado a metrópole é uma resposta possível aos avatares da mundialização urbana, por outro o horizonte da urbanização é a metropolização que designa territórios sustentáveis, vivíveis, territórios habitáveis em que não basta ter um alojamento, um interior, um abrigo. Pois habitar, como afirma Michel Lussault, não é dissociável das práticas daqueles que o habitam: "O habitat é na verdade um objeto proteiforme e complexo: o habitat, para cada ator, desdobra-se da esfera íntima, sensorial e corporal (primeiro nível da espacialidade) para o mundo, por meio das vizinhanças topográficas, aquelas da proximidade de contato físico, e topológicas, aquelas das redes." Nessas condições, um urbanismo responsável não é programável: ele deveria participar do emaranhamento das decisões políticas da cidade, do Estado, das instâncias supraestatais e das ONGs, que entram em sinergia. Estamos muito longe disto. Resta-nos pensar um urbanismo que remende "a cidade fragmentada" e não contorne a responsabilidade das políticas.

Quinto ponto

Sem deixar de ter laços com o que precede, o espaço público atravessou o conjunto de nossas interrogações. Como recriar o espaço

1 MAGNAGHI, Alberto. *Il Progetto locale*. Turim: Bollati Boringhieri, 2000/reed. 2006. [N.T.]

público, como gerar um espírito público sem que estes se confundam apenas com as normas do domínio público? Na contracorrente do urbanismo funcionalista que evacuou a rua, fustigou os espaços misturadores e exacerbou o lugar prioritário do carro, é preciso reencontrar o sentido desses espaços mistos e misturadores, que são na mesma medida "lugares comuns". À rua se junta a praça como lugar de reunião e de trânsito: "O que ela oferece é inicialmente uma abertura nos volumes, um convite ao olhar, a levantar os olhos, a parar; a rua sempre vai para outro lugar; a praça fica onde ela está." Se "passamos" na rua, "paramos" na praça, estacionamos, buscamos "ficar" e "encontrar nosso lugar". Isso faz da praça um lugar de ajuntamento e de reivindicação de liberdade. Vemos esse fenômeno atualmente, de diversos modos, na praça Tahrir no Cairo, na praça Taksim em Istambul, na praça Maidan na Ucrânia, etc. Não é por acaso que muitos países da América do Sul (como Brasil e Colômbia) têm como prioridade o tema do acesso ao espaço público.

Entretanto, quais espaços públicos privilegiar? A primeira urgência é considerar que um espaço comum é o que oferece bens comuns: é preciso então pensar como espaços públicos não somente as estações, os hiperlugares próprios para as conexões/transportes, mas também os hospitais, os espaços do saber, os complexos culturais, etc. Também é preciso refletir sobre as condições de acesso oferecidas por esses espaços públicos quando nem todo mundo ousa ir a esse serviço oferecido: a biblioteca Virgilio Barco, concebida por Rogelio Salmona em Bogotá é exemplar, dado que foi concebida para que pessoas que não sabem ler sintam o desejo de frequentá-la. Se a conectividade é o motor da urbanização contemporânea, a questão do acesso é absolutamente decisiva.

A continuar...

Créditos das ilustrações

Todas as imagens que compõem este livro foram fornecidas pelos próprios autores, com exceção de:

Capa
© Carol Godefroid/Escritório Agence MU

P. 1
© Angel Bojadsen

P. 83
Ilustrações 5-6: © Carol Godefroid/Escritório Agence MU
Ilustração 7: © Achille Gauquelin/Escritório Agence MU

P. 87
Ilustração 15: © Achille Gauquelin/Escritório Agence MU

P. 88
Ilustração 16: © Achille Gauquelin/Escritório Agence MU

P. 90
Ilustrações 18-19: © Achille Gauquelin/Escritório Agence MU

P. 91
Ilustração 21: © Achille Gauquelin/Escritório Agence MU

P. 98
Ilustração 40: © Achille Gauquelin/Escritório Agence MU

P. 99
Ilustrações 42-43: © Achille Gauquelin/Escritório Agence MU

ESTE LIVRO FOI COMPOSTO EM MINION PRO 11 POR 14
E IMPRESSO SOBRE PAPEL OFF-SET 90 g/m^2 NAS OFICINAS
DA ASSAHI GRÁFICA, SÃO BERNARDO DO CAMPO - SP,
EM NOVEMBRO DE 2015